한식 조리기능사 실기

박지형 편저

일진사

머리말

몇 가지 식재료가 있습니다. 이 식재료는 어느 조리사의 손을 거치느냐에 따라 무궁무진한 요리로 만들어집니다. 또 같은 종류의 음식이라도 어느 조리사가 만들었느냐에 따라 다양한 맛과 색, 모양새를 가집니다.

이렇듯 조리의 세계는 너무도 다양하지만 조리 기능사 시험 제도는 평가의 정확성과 편의를 위하여 규칙과 규격, 정해진 재료라는 틀을 만들어 놓았고 시험에 응시하는 수험생들은 요구 사항과 수험자 유의 사항에서 제시한 방법대로 작품을 만들어 내야 합니다. 사람마다 다양한 방법들로 조리를 하겠지만 시험에서는 정해진 규칙대로 만들지 않으면 잘된 작품이라도 채점 대상에서 제외될 수밖에 없습니다. 조리 기능사 시험에서는 그만큼 규칙을 잘 지키는 것이 매우 중요합니다.

처음 조리를 접하는 분들뿐 아니라 많은 경험을 가진 분들이라도 이러한 규칙들에 반복하여 적응하다 보면 어느새 몸에 밴 기존 조리 방법보다 좀 더 편리한 기능들이 자연스럽게 연마되어 조리 전문가로 한 걸음 더 다가갈 수 있을 것입니다.

한 가지 한국 음식을 만드는 데는 참 많은 손길이 갑니다. 몇 젓가락만 왔다 갔다 해도 금방 없어져 버리고 마는 나물 한 접시를 만들어 내기 위해서 재료를 일일이 다듬고 씻고 삶고, 파와 마늘을 다지고, 깨를 볶고, 양념에 조물조물 무쳐 내는 수고는 눈 깜짝할 새 바닥을 보이는 빈 접시에 묻혀 버리고 맙니다. 하지만 그렇게 많은 손길을 거쳐 오랜 시간 동안 정성을 다해 만든 음식을 먹으면서 우리는 누구보다 행복하고 건강한 삶을 영위할 수 있습니다. 그렇게 얻은 건강과 행복을 토대로 각자의 삶 또한 의미 있게 살아갈 수 있다는 것은 참으로 감사해야 할 일이기도 합니다.

이 책은 마치 소박한 나물 한 접시라고 해도 여러 번의 손을 거쳐 정성스럽게 무쳐 내야 비로소 음식으로서의 가치가 생기는 것처럼 많은 손길을 거쳤습니다. 자격증을 얻기 위해 이 책으로 공부할 수험생 여러분에게 자격증 이상의 무엇을 드리고자 오랜 시간 동안 정성을 다했습니다.

다년간의 교육 경험과 조리 기능사 실기 시험 감독 위원으로서 수험생들을 바라보았던 시각을 더해 좀 더 정확하고 체계적으로 작품을 만들어 낼 수 있는 방법을 알기 쉽게 정리해 놓았습니다. 반복적으로 기능을 연마하여 실력을 쌓고, 시험이라는 관문을 거쳐 자격증을 손에 얻기까지 이 책이 중요한 부분을 차지하길 바라며, 한식 조리 기능사 자격증을 손에 얻게 될 모든 수험생 여러분에게 진심으로 합격의 영광을 기원합니다.

이 책을 기획하고 준비하여 탈고하기까지 많은 분들의 보살핌이 있었습니다. 작품을 시작하는 순간부터 마치는 순간까지 야무진 손끝을 보태 주었던 이민정 선생님, 미래 요리 선생님의 모습으로 오랜 시간 볼 수 있길 바라는 제자 은주와 채영에게, 그 외에도 책이 나올 때까지 소홀할 수밖에 없었으나 말 없이 이해하고 기다려 준 사랑하는 가족들과 지인들에게 지면을 빌려 감사의 말을 전합니다. 또한 음식의 모양새가 더욱 환하게 돋보이도록 솜씨 좋게 촬영해 주신 성병우 실장님에게, 마지막으로 부족한 사람에게 늘 한결같은 믿음으로 일을 맡겨 주시고 정성껏 책으로 엮어 주신 도서출판 일진사의 모든 임직원분들에게도 마음을 다해 감사드립니다.

저자 씀

출제 기준(실기)

직무 분야	음식 서비스	중직무 분야	조리	자격 종목	한식 조리 기능사	적용 기간	2023.1.1~2025.12.31

직무 내용 : 한식 메뉴 계획에 따라 식재료를 선정, 구매, 검수, 보관 및 저장하며 맛과 영양을 고려하여 안전하고 위생적으로 음식을 조리하고 조리기구와 시설관리를 수행하는 직무이다.

수행 준거 : 1. 음식 조리작업에 필요한 위생관련 지식을 이해하고, 주방의 청결상태와 개인위생·식품위생을 관리하여 전반적인 조리작업을 위생적으로 수행할 수 있다.
2. 한식조리를 수행함에 있어 칼 다루기, 기본 고명 만들기, 한식 기초 조리법 등 기본적인 지식을 이해하고 기능을 익혀 조리 업무에 활용할 수 있다.
3. 쌀을 주재료로 하거나 또는 다른 곡류나 견과류, 육류, 채소류, 어패류 등을 섞어 물을 붓고 강약을 조절하여 호화되게 밥을 조리할 수 있다.
4. 곡류 단독으로 또는 곡류와 견과류, 채소류, 육류, 어패류 등을 함께 섞어 물을 붓고 불의 강약을 조절하여 호화되게 죽을 조리할 수 있다.
5. 육류나 어류 등에 물을 많이 붓고 오래 끓이거나 육수를 만들어 채소나 해산물, 육류 등을 넣어 한식 국·탕을 조리할 수 있다.
6. 육수나 국물에 장류나 젓갈로 간을 하고 육류, 채소류, 버섯류, 해산물류를 용도에 맞게 썰어 넣고 함께 끓여서 한식 찌개를 조리할 수 있다.
7. 육류, 어패류, 채소류 등의 재료를 익기 쉽게 썰고 그대로 혹은 꼬치에 꿰어서 밀가루와 달걀을 입힌 후 기름에 지져서 한식 전·적 조리를 할 수 있다.
8. 채소를 살짝 절이거나 생것을 양념하여 생채·회 조리를 할 수 있다.

실기 검정 방법	작업형	시험 시간	70분 정도

실기 과목명	주요 항목	세부 항목
한식 조리 실무	1. 음식 위생관리	1. 개인 위생관리하기
		2. 식품 위생관리하기
		3. 주방 위생관리하기
	2. 음식 안전관리	1. 개인 안전관리하기
		2. 장비·도구 안전작업하기
		3. 작업환경 안전관리하기
	3. 한식 기초 조리실무	1. 기본 칼 기술 습득하기
		2. 기본 기능 습득하기
		3. 기본 조리법 습득하기
	4. 한식 밥 조리	1. 밥 재료 준비하기
		2. 밥 조리하기 3. 밥 담기
	5. 한식 죽 조리	1. 죽 재료 준비하기
		2. 죽 조리하기 3. 죽 담기

한식 조리 실무	6. 한식 국 · 탕 조리	1. 국 · 탕 재료 준비하기
		2. 국 · 탕 조리하기
		3. 국 · 탕 담기
	7. 한식 찌개 조리	1. 찌개 재료 준비하기
		2. 찌개 조리하기
		3. 찌개 담기
	8. 한식 전 · 적 조리	1. 전 · 적 재료 준비하기
		2. 전 · 적 조리하기
		3. 전 · 적 담기
	9. 한식 생채 · 회 조리	1. 생채 · 회 재료 준비하기
		2. 생채 · 회 조리하기
		3. 생채 · 회 담기
	10. 한식 구이 조리	1. 구이 재료 준비하기
		2. 구이 조리하기
		3. 구이 담기
	11. 한식 조림 · 초 조리	1. 조림 · 초 재료 준비하기
		2. 조림 · 초 조리하기
		3. 조림 · 초 담기
	12. 한식 볶음 조리	1. 볶음 재료 준비하기
		2. 볶음 조리하기
		3. 볶음 담기
	13. 한식 숙채 조리	1. 숙채 재료 준비하기
		2. 숙채 조리하기
		3. 숙채 담기
	14. 김치 조리	1. 김치 재료 준비하기
		2. 김치 조리하기
		3. 김치 담기

한식 조리 기능사 실기 공개 과제

조리의 기초

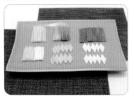

재료 썰기(25분)

밥·죽·면류

비빔밥(50분)

콩나물밥(30분)

장국죽(30분)

국·찌개·전골류

완자탕(30분)

두부젓국찌개(20분)

생선찌개(30분)

구이·조림류

너비아니구이(25분)

제육구이(30분)

더덕구이(30분)

북어구이(20분)

생선양념구이(30분)

두부조림(25분)

홍합초(20분)

적·전·튀김류

지짐누름적(35분)

화양적(35분)

적·전·튀김류

섭산적(30분)

생선전(25분)

육원전(20분)

표고전(20분)

볶음·마른반찬류

풋고추전(25분)

오징어볶음(30분)

잡채(35분)

칠절판(40분)

나물(생채·숙채)류

더덕생채(20분)

도라지생채(15분)

무생채(15분)

회·냉채류

겨자채(35분)

김치류

탕평채(35분)

미나리강회(35분)

육회(20분)

배추김치(35분)

오이소박이(20분)

① 한식 조리 기능사 자격 정보

1. 개요

한식, 중식, 일식, 양식, 복어 조리 부문에 배속되어 제공될 음식에 대한 계획을 세우고 조리할 재료를 선정, 구입, 검수하고 선정된 재료를 적정한 조리 기구를 사용하여 조리 업무를 수행하며 음식을 제공하는 장소에서 조리 시설 및 기구를 위생적으로 관리, 유지하고, 필요한 각종 재료를 구입, 위생학적, 영양학적으로 저장 관리하면서 제공될 음식을 조리·제공하기 위한 전문 인력을 양성하기 위하여 자격 제도를 제정하였다.

2. 수행 직무

한식 조리 부문에 배속되어 제공될 음식에 대한 계획을 세우고 조리할 재료를 선정, 구입, 검수하고 선정된 재료를 적정한 조리 기구를 사용하여 조리 업무를 수행함 또한 음식을 제공하는 장소에서 조리 시설 및 기구를 위생적으로 관리, 유지하고, 필요한 각종 재료를 구입, 위생학적, 영양학적으로 저장 관리하면서 제공될 음식을 조리하여 제공하는 직종이다.

3. 실시 기관명 한국산업인력공단

4. 실시 기관 홈페이지 http://www.q-net.or.kr

5. 진로 및 전망

1 식품 접객업 및 집단 급식소 등에서 조리사로 근무하거나 운영이 가능하다.

2 업체 간, 지역 간의 이동이 많은 편이고 고용과 임금에 있어서 안정적이지는 못한 편이지만 조리에 대한 전문가로 인정받게 되면 높은 수익과 직업적 안정성을 보장받게 된다.

3 식품위생법상 대통령령이 정하는 식품접객영업자(복어 조리, 판매 영업 등)와 집단 급식소의 운영자는 조리사 자격을 취득하고, 시장·군수·구청장의 면허를 받은 조리사를 두어야 한다.

6. 취득 방법

1 시행처   한국산업인력공단

2 시험 과목   필기 : 한식 재료관리, 음식조리 및 위생관리
                 실기 : 한식 조리 실무

3 검정 방법   필기 : 객관식 4지 택일형, 60문항(60분)

실기 : 작업형(70분 정도)

4 합격 기준   100점 만점에 60점 이상

7. 출제 경향

1 요구 작업 내용

지급된 재료를 갖고 요구하는 작품을 시험 시간 내에 1인분을 만들어 내는 작업

2 주요 평가 내용

- 위생 상태(개인 및 조리 과정)
- 조리의 기술(기구 취급, 동작, 순서, 재료 다듬기 방법)
- 작품의 평가 · 정리 정돈 및 청소

② 한식 조리 기능사 '상시' 실기 시험 안내

1. 시험 대상

필기 시험 합격자 및 필기 시험 면제자

2. 시험 일자 및 장소

원서 접수 시 수험자 본인이 선택할 수 있다. 상시 시험 원서 접수는 정기 시험과 같이 공고한 기간에만 가능하며, 선착순 방식으로 회별 접수 기간 종료 전에 마감될 수도 있으므로 먼저 접수하는 수험자가 시험 일자 및 시험장 선택의 폭이 넓다.

3. 원서 접수 및 시행

공휴일(토요일 포함)을 제외하고 정해진 회별 접수 기간 내에 인터넷(www.q-net.or.kr)을 이용하여 접수하며, 연간 시행 계획을 기준으로 자체 실정에 맞게 시행한다. 단, 인터넷 활용이 어려운 고객을 위하여 공단 소속 기관에서 방문 고객에 대하여 인터넷 원서 접수를 안내 · 지원하고 있다.

4. 원서 접수 시간

회별 원서 접수 첫날 10:00부터 마지막 날 18:00까지(토, 일요일은 접수 불가)

5. 기타 유의 사항

1 시험 당일에는 수험표와 규정 신분증을 반드시 지참하며, 작업형 수험자는 지참 준비물을 추가 지참한다. 신분증을 지참하지 않은 사람이 수험표의 사진 또한 본인이 아닌 경우에는 퇴실 조치한다.

2 시험 응시는 수험표에 정해진 일시 및 장소에서만 가능하며, 반드시 정해진 시간까지 입실을 완료해야 한다. 단, 공단에서 정한 사유에 한하여 작업형 실기 시험 일자를 변경해 주고 있으며, 변경 요청은 공단 해당 종목 시행 지역 본부 및 지사를 방문하여 요청 가능하다.

수험자 신분증 인정 범위 확대

구분	신분증 인정 범위	대체 가능 신분증
일반인(대학생 포함)	주민등록증, 운전면허증, 공무원증, 여권, 국가기술자격증, 복지카드, 국가유공자증 등	해당 동사무소에서 발급한 기간 만료 전의 '주민등록 발급 신청서'
중 · 고등학생	주민등록증, 학생증(사진 및 생년월일 기재), 여권, 국가기술자격증, 청소년증, 복지카드, 국가유공자증 등	학교 발행 '신분확인증명서'
초등학생	여권, 건강보험증, 청소년증, 주민등록 등 · 초본, 국가기술자격증, 복지카드, 국가유공자증 등	학교 발행 '신분확인증명서'
군인	장교 · 부사관 신분증, 군무원증, 사병(부대장 발행 신분확인증명서)	부대장 발급 '신분확인증명서'
외국인	외국인등록증, 여권, 복지카드, 국가유공자증 등	없음

※ 유효 기간이 지난 신분증은 인정하지 않으며, 중 · 고등학교 재학 중인 학생은 학생증에 반드시 사진 · 이름 · 주민등록번호(최소 생년월일 기재) 등이 기재되어 있어야 신분증으로 인정
※ 신분증 인정 범위에는 명시되지 않으나, 법령에 의거 사진, 성명, 주민등록번호가 포함된 정부기관(중앙부처, 지자체 등)에서 발행한 등록증은 신분증으로 인정
※ 인정하지 않는 신분증 사례 : 학생증(대학원, 대학), 사원증, 각종 사진이 부착된 신용카드, 유효 기간이 만료된 여권 및 복지카드, 기타 민간 자격 자격증 등

6. 시험 진행 방법 및 유의 사항

1 정해진 실기 시험 일자와 장소, 시간을 정확히 확인한 후 시험 30분 전에 수험자 대기실에 도착하여 시험 준비 요원의 지시를 받는다.

2 위생복, 위생모 또는 머릿수건을 단정히 착용한 후 준비 요원의 호명에 따라(또는 선착순으로) 수험표와 신분증을 확인하고 등번호를 교부받아 실기 시험장으로 향한다.

3 자신의 등번호가 있는 조리대로 가서 실기 시험 문제를 확인한 후 준비해 간 도구 중 필요한 도구를 꺼내 정리한다.

4 실기 시험장에서는 감독의 허락 없이 시작하지 않도록 하고 주의 사항을 경청하여 실기 시험에 실수하지 않도록 한다.

5 지급된 재료를 지급 재료 목록표와 비교·확인하여 부족하거나 상태가 좋지 않은 재료는 즉시 지급받는다(지급 재료는 1회에 한하여 지급되며 재지급되지 않는다).

6 두 가지 과제의 요구 사항을 꼼꼼히 읽은 후 시험에서 요구하는 대로 작품을 만들어 정해진 시간 안에 등번호와 함께 정해진 위치에 제출한다.

7 작품을 제출할 때는 반드시 시험장에서 제시된 그릇에 담아낸다.

8 정해진 시간 안에 작품을 제출하지 못한 경우에는 실격으로 채점 대상에서 제외된다.

9 시험에 지급된 재료 이외의 재료를 사용한 경우에는 실격으로 채점 대상에서 제외된다.

10 불을 사용하여 만든 조리 작품이 불에 익지 않은 경우에는 실격으로 채점 대상에서 제외된다.

11 작품을 제출한 후 테이블, 가스레인지 등을 깨끗이 청소하고 사용한 기구들도 제자리에 배치한다.

12 안전 관리를 위하여 칼 지참 시 꼭 칼집을 준비하고, 가스 밸브 개폐 여부를 반드시 확인한다.

7. 한식 조리 기능사 지참 준비물 목록

번호	재료명	규격	단위	수량	비고
1	가위		EA	1	
2	강판		EA	1	
3	계량스푼		EA	1	
4	계량컵		EA	1	
5	국대접	기타 유사품 포함	EA	1	
6	국자		EA	1	
7	냄비		EA	1	시험장에도 준비되어 있음
8	도마	흰색 또는 나무도마	EA	1	시험장에도 준비되어 있음
9	뒤집개		EA	1	
10	랩		EA	1	
11	면포/행주	흰색	장	1	
12	밀대		EA	1	
13	밥공기		EA	1	
14	볼(bowl)		EA	1	
15	비닐백	위생백, 비닐봉지 등 유사품 포함	장	1	
16	상비의약품	손가락골무, 밴드 등	EA	1	
17	석쇠		EA	1	

번호	재료명	규격	단위	수량	비고
18	쇠조리(혹은 체)		EA	1	
19	숟가락	차스푼 등 유사품 포함	EA	1	
20	마스크		EA	1	위생복장(위생복, 위생모, 앞치마, 마스크) 미착용 시 채점 대상에서 제외(실격)
21	앞치마	흰색(남녀 공용)	EA	1	
22	위생모	흰색	EA	1	
23	위생복	상의 : 흰색/긴소매 하의 : 긴바지(색상 무관)	벌	1	
24	위생타월	키친타월, 휴지 등 유사품 포함	장	1	
25	이쑤시개	산적꼬치 등 유사품 포함	EA	1	
26	접시	양념접시 등 유사품 포함	EA	1	
27	젓가락		EA	1	
28	종이컵		EA	1	
29	종지		EA	1	
30	주걱		EA	1	
31	집게		EA	1	
32	칼	조리용 칼, 칼집 포함	EA	1	
33	호일		EA	1	
34	프라이팬		EA	1	시험장에도 준비되어 있음

※ 지참 준비물의 수량은 최소 필요 수량으로 수험자가 필요시 추가 지참 가능하다.
 지참 준비물은 일반적인 조리용을 의미하며 기관명, 이름 등 표시가 없는 것이어야 한다.
 수험자 지참 준비물 이외의 조리기구를 사용한 경우 채점대상에서 제외(실격)된다.

• 지참 준비물 목록에는 없으나 가져가면 편리한 재료들
 ① 그릇 : 접시, 대접, 공기 등 필요한 만큼 골고루 가져가는 것이 좋다.
 ② 검은 비닐봉지 : 쓰레기를 처리할 때 사용하며 세정대에 놓고 사용한다.

8. 지참 준비물에 대한 기준 변경

준비물	변경 전	변경 후
눈금 표시 조리기구	길이를 측정할 수 있는 눈금표시(cm)가 없을 것(단, mL 용량표시 허용)	• 실격 처리되지 않음(2022년부터 적용) • 눈금 표시된 조리기구 사용 허용(단, 눈금 표시에 재어가며 재료를 써는 조리작업은 조리기술 및 숙련도 평가에 반영)

9. 요구사항에 대한 표시내용

요구사항의 재료 크기 및 지급 재료		세부 기준
변경 전	변경 후	
○ cm 정도	○ cm	수험자 유의사항에 「규격은 "정도"의 의미를 포함함」을 명시하였으므로 요구사항의 재료 크기 및 지급 재료에서 "정도" 용어는 삭제되었다.

10. 위생상태 및 안전관리 세부 기준

순번	구분	세부 기준

1	위생복 상의	• 전체 흰색, 손목까지 오는 긴소매
		  − 조리과정에서 발생 가능한 안전사고(화상 등) 예방 및 식품위생(체모 유입방지, 오염도 확인 등) 관리를 위한 기준 적용
		  − 조리과정에서 편의를 위해 소매를 접어 작업하는 것은 허용
		  − 부직포, 비닐 등 화재에 취약한 재질이 아닐 것, 팔토시는 긴팔로 불인정
		• 상의 여밈은 위생복에 부착된 것이어야 하며 벨크로(일명 찍찍이), 단추 등의 크기, 색상, 모양, 재질은 제한하지 않음(단, 핀 등 별도 부착한 금속성은 제외)

2	위생복 하의	• 색상 · 재질무관, 안전과 작업에 방해가 되지 않는 발목까지 오는 긴바지 − 조리기구 낙하, 화상 등 안전사고 예방을 위한 기준 적용
3	위생모	• 전체 흰색, 빈틈이 없고 바느질 마감처리가 되어 있는 일반 조리장에서 통용되는 위생모(모자의 크기, 길이, 모양, 재질(면, 부직포 등)은 무관)
4	앞치마	• 전체 흰색, 무릎아래까지 덮이는 길이 − 상하일체형(목끈형) 가능, 부직포 · 비닐 등 화재에 취약한 재질이 아닐 것
5	마스크	• 침액을 통한 위생상의 위해 방지용으로 종류는 제한하지 않음 (단, 감염병 예방법에 따라 마스크 착용 의무화 기간에는 '투명 위생 플라스틱 입가리개'를 마스크 착용으로 인정하지 않음)
6	위생화 (작업화)	• 색상 무관, 굽이 높지 않고 발가락 · 발등 · 발뒤꿈치가 덮여 안전 사고를 예방할 수 있는 깨끗한 운동화 형태
7	장신구	• 일체의 개인용 장신구 착용 금지(단, 위생모 고정을 위한 머리핀 허용)
8	두발	• 단정하고 청결할 것, 머리카락이 길 때 흘러내리지 않게 머리망을 착용하거나 묶을 것
9	손/손톱	• 손에 상처가 없어야 하나, 상처가 있을 경우 보이지 않도록 할 것 (시험위원 확인하에 추가 조치 가능) • 손톱은 길지 않고 청결하며 매니큐어, 인조손톱 등을 부착하지 않을 것
10	폐식용유 처리	• 사용한 폐식용유는 시험위원이 지시하는 적재장소에 처리할 것
11	교차오염	• 교차오염 방지를 위한 칼, 도마 등 조리기구 구분 사용은 세척으로 대신하여 예방할 것 • 조리기구에 이물질(예 테이프)을 부착하지 않을 것

12	위생관리	• 재료, 조리기구 등 조리에 사용되는 모든 것은 위생적으로 처리하여야 하며, 조리용으로 적합한 것일 것
13	안전사고 발생 처리	• 칼 사용(손 빔) 등으로 안전사고 발생 시 응급조치를 하여야 하며, 응급조치에도 지혈이 되지 않을 경우 시험진행 불가
14	눈금 표시 조리도구	• 눈금 표시된 조리기구 사용 허용(실격 처리되지 않음, 2022년부터 적용) (단, 눈금 표시에 재어가며 재료를 써는 조리작업은 조리기술 및 숙련도 평가에 반영)
15	부정 방지	• 위생복, 조리기구 등 시험장 내 모든 개인물품에는 수험자의 소속 및 성명 등의 표식이 없을 것(위생복의 개인 표식 제거는 테이프로 부착 가능)
16	테이프 사용	• 위생복 상의, 앞치마, 위생모의 소속 및 성명을 가리는 용도로만 허용

11. 위생상태 및 안전관리에 대한 채점 기준

구분	위생 및 안전 상태	채점 기준
1	위생복(상/하의), 위생모, 앞치마, 마스크 중 한 가지라도 미착용한 경우	실격 (채점대상 제외)
2	평상복(흰티셔츠, 와이셔츠), 패션모자(흰털모자, 비니, 야구모자) 등 기준을 벗어난 위생복장을 착용한 경우	
3	위생복(상/하의), 위생모, 앞치마, 마스크를 착용하였더라도 • 무늬가 있거나 유색의 위생복 상의 · 위생모 · 앞치마를 착용한 경우 • 흰색의 위생복 상의 · 앞치마를 착용하였더라도 부직포, 비닐 등 화재에 취약한 재질의 복장을 착용한 경우 • 팔꿈치가 덮이지 않는 짧은 팔의 위생복을 착용한 경우 • 위생복 하의의 색상, 재질은 무관하나 짧은 바지, 통이 넓은 힙합스타일 바지, 타이츠, 치마 등 안전과 작업에 방해가 되는 복장을 착용한 경우 • 위생모가 뚫려있어 머리카락이 보이거나, 수건 등으로 감싸 바느질 마감 처리가 되어있지 않고 풀어지기 쉬워 일반 조리장용으로 부적합한 경우	'위생상태 및 안전관리' 점수 전체 0점
4	이물질(예) 테이프) 부착 등 식품위생에 위배되는 조리기구를 사용한 경우	
5	위생복(상/하의), 위생모, 앞치마, 마스크를 착용하였더라도 • 위생복 상의가 팔꿈치를 덮기는 하나 손목까지 오는 긴소매가 아닌 위생복(팔토시 착용은 긴소매로 불인정), 실험복 형태의 긴 가운, 핀 등 금속을 별도 부착한 위생복을 착용하여 세부 기준을 준수하지 않았을 경우 • 테두리선, 칼라, 위생모 짧은 창 등 일부 유색의 위생복 상의 · 위생모 · 앞치마를 착용한 경우(테이프 부착 불인정) • 위생복 하의가 발목까지 오지 않는 8부바지 • 위생복(상/하의), 위생모, 앞치마, 마스크에 수험자의 소속 및 성명을 테이프 등으로 가리지 않았을 경우	'위생상태 및 안전관리' 점수 일부 감점

	6	위생화(작업화), 장신구, 두발, 손/손톱, 폐식용유 처리, 안전사고 발생 처리 등 '위생상태 및 안전관리 세부기준'을 준수하지 않았을 경우	'위생상태 및 안전관리' 점수 일부 감점
	7	'위생상태 및 안전관리 세부기준' 이외에 위생과 안전을 저해하는 기타사항이 있을 경우	

※ 수도자의 경우 제복 + 위생복 상/하의, 위생모, 앞치마, 마스크 착용 허용

▶ 위 기준에 표시되어 있지 않으나 일반적인 개인위생, 식품위생, 주방위생, 안전관리를 준수하지 않았을 경우 감점처리될 수 있다.

12. 채점 기준표

항목	세부 항목	내용	배점
공통 채점 사항	위생 상태 및 안전 관리	• 위생복 착용, 두발, 손톱 등 위생 상태 • 조리 순서, 재료, 기구의 취급 상태와 숙련 정도 • 조리대, 기구 주위의 청소 및 안전 상태	10
작품 A	조리 기술	조리 기술 숙련도	30
	작품 평가	맛, 색, 모양, 그릇에 담기	15
작품 B	조리 기술	조리 기술의 숙련도	30
	작품 평가	맛, 색, 모양, 그릇에 담기	15

▶ 보통 두 작품이 주어지며, 공통 채점과 각 작품의 조리 기술 및 작품 평가 합계가 100점 만점으로 60점 이상이면 합격이다.

차 례

한식 조리 기능사 실기(이론)

한식 조리 기능사 출제 메뉴

한식 조리 기능사 실기(이론)

① 한국 음식의 개요

1. 한국 음식의 특징

밥과 국, 반찬이 기본이 되는 반상 차림으로 대표되는 한국 음식은 전통적인 농경 사회를 바탕으로 3면이 바다로 둘러싸인 지리적 특징 때문에 수조육류를 비롯하여 곡류와 채소, 해산물 등 다채로운 식재료를 사용한 음식 문화가 발달해 왔다. 다양한 재료는 음식의 맛을 다양하고 깊고 풍요롭게 하였다고 볼 수 있다. 특히 발효 · 저장 음식의 발달과 더불어 음식의 깊은 맛을 책임지는 각종 장류는 우리 한국 음식의 대표적인 특징들을 잘 표현한 대표적인 음식이라고 말할 수 있다.

밥이 곧 보약이라는 약식동원(藥食同源) 사상은 현대 사회에서 웰빙 바람과 더불어 배를 채우기 위한 수단으로서의 음식이 아닌, 건강하고 행복한 삶을 영위하는 데 중요한 도구로서의 의미로 한국 음식의 과거로부터 현재까지 이어져 왔으며 앞으로도 갖추어야 할 음식 문화의 첫 순위라고 할 수 있겠다.

각 지역의 기후, 지리적 조건 등의 특색에 따라 얻어지는 식재료와 저장 조건 등의 차이로 지방마다 개성 있는 음식 문화가 발달하기도 하였다. 연중 농사의 진행 순서에 따라 때에 따른 식재료를 사용한 시 · 절식의 풍습은 음식을 통하여 감사의 의미와 더불어 옛 선조들의 풍류를 읽을 수 있다. 정월부터 섣달까지 각 계절에 맞추어 장 담그기, 채소 말리기, 젓갈 담그기, 김장 등 음식을 준비하는 일손은 1년 내내 이어진다. 또한 사람이 세상에 태어나 생을 마감하는 순간까지 거치게 되는 관혼상제(冠婚喪祭) 등의 통과 의례에 격식에 따른 상차림을 통해 음식으로 예를 표현하였다.

흔히 한국 음식 하면 요즘에는 맵고 짠 자극적인 맛을 떠올리게 되지만 한국 음식의 상징적인 양념으로 여기는 고추는 임진왜란 이후에 들어왔으며 음식에 사용된 것은 그로부터도 한참 후의 일이다. 순하고 부드러우면서도 감칠맛 나는 한국 음식은 어머니의 손맛 그대로의 맛이다.

2. 한국 음식의 종류

(1) 주식류

① 밥

흔히 우리나라 사람들은 "밥 먹었니?" 혹은 "식사하셨어요?"라는 말을 인사 대신하곤 한다. 이렇듯 우리에게 끼니를 챙겨 먹는다는 것은 안 본 사이에 잘 지냈느냐는 것을 이야기할 정도로 중요한 의미가 된다. 이때의 밥은 식사 전체를 말하기도 하지만 특히 어려웠던 시절에 특별한 날에만 먹을 수 있었던 흰쌀로 지은 윤기 흐르는 밥은 삶의 질을 의미하기도 한다. 지금도 어른들 중에는 그 옛날 쌀이 떨어져 제대로 밥을 해 먹기 힘들었던 시절을 보상하듯 오랜 기간 동안 먹을 수 있을 만큼의 많은 양의 쌀을 미리 사 두어 쌓아 놓는 습관을 가진 분들이 많다.

하루에 필요한 열량의 65%를 탄수화물에서 섭취하는 우리나라 사람들에게 밥은 가장 중요한 열량원으로서 작용하나 현대를 살아가는 우리에게는 밥을 대신하는 먹거리들이 너무도 풍족하기에 밥의 중요성이 그만큼 떨어져 가고 있다. 하지만 한국 사람은 밥심으로 산다고 말할 수 있을 만큼 밥은 아직도 우리에게는 가장 중요한 에너지의 원천이라고 할 수 있다.

흰쌀로 지은 쌀밥 외에도 어떤 잡곡을 섞느냐에 따라 콩밥, 보리밥, 팥밥, 찰밥, 조밥, 오곡밥, 기장밥, 수수밥 등이 있으며 감자, 고구마, 각색 나물, 무, 버섯 등 다양한 채소를 넣어 지은 밥과 굴, 새우, 전복 등 해산물을 이용한 밥, 대추, 밤, 잣, 인삼 등을 넣어 보약처럼 지은 영양밥, 여러 가지 나물들을 골고루 얹어 비벼 먹는 비빔밥, 그 외에도 주먹밥, 김밥 등 밥의 변신은 매우 다양하다. 그 중 비빔밥은 1988년 기내식으로 세계 최고상인 머큐리상을 받는 등 전 세계적으로 그 영양적인 우수성과 맛 등이 인정될 만큼 세계적인 음식으로 거듭나고 있다.

② 죽

쌀 외에도 여러 가지 곡물에 밥을 지을 때보다 훨씬 많은 양의 물을 부어 오래 끓여 곡물의 알갱이가 부드럽게 퍼지고 전분이 충분히 호화하여 소화되기 쉬운 상태로 부드럽게 익은 음식을 죽이라 한다.

죽에는 '끓인다.'보다 '쑨다.'는 표현을 쓴다. 쑨다는 것은 곡식의 알이나 가루를 오랫동안 끓여 완전히 호화하여 죽이나 풀이나 묵이 되도록 하는 조리법을 말한다. 몸이 아파 쉽게 소화될 수 있는 음식을 먹어야 할 때, 또는 동지 등 특별한 날에 밥 대신 먹는 음식이라는 의미 정도로서의 죽이 현대 사회에서는 부담 없고 가볍게 한 끼 식사를 대신할 수 있는 음식으로 각광받고 있다. 한동안 죽 전문점이 우후죽순처럼 생겨난 것은 그러한 죽의 인기를 대변한 결과물이라고 할 수 있겠다.

옛날에는 가난한 살림에 곡식이 귀할 때 적은 양의 곡식에 많은 물을 부어 죽을 쑤었기 때문에 쌀로 지은 밥보다 더 많은 사람들이 나눌 수 있었으며, 이런 어려운 시절을 살아 왔던 어른들 중에는 아픈 기억이 떠올라 지금도 몸이 아파도 죽 대신 밥을 찾으시는 분들도 있다.

죽을 쑤는 쌀의 형태에 따라 쌀알을 부수지 않고 그대로 쑤는 옹근죽, 쌀알이 반 정도 부서질 정도로 빻아서 쑤는 원미죽, 쌀 알갱이 입자가 없도록 완전히 갈아서 쑤는 무리죽 등이 있다. 또한 사용하는 재료에 따라 콩죽, 녹두죽, 팥죽 등의 곡물죽과 전복, 굴, 홍합, 조갯살 등을 넣은 해물죽, 수조육류 등을 사용한 죽, 호두, 은행, 잣, 밤 등의 견과류를 넣은 죽, 참깨, 검은깨 등 종실류를 넣은 죽, 아욱, 호박 등 채소를 넣은 죽, 버섯을 넣은 죽 등 밥에 비해 좀 더 다양한 재료들을 사용한 많은 종류의 죽이 있다. 그 외에도 쌀알을 충분히 갈아 체에 밭쳐 죽을 쑬 때보다 더 많은 양의 물(보통 쌀 1 : 물 10)을 붓고 끓인 것으로 마실 수 있는 형태의 미음이 있다.

③ 국수

흔히 우리는 혼기가 다 된 젊은 남녀에게 "언제 국수를 먹여 줄 건가?" 하는 인사를 건넨다. 이는 국수

가 전통적으로 혼례 때 손님 접대용으로 많이 쓰였기 때문이다. 『조선무쌍신
식요리제법』이라는 고조리서에는 "누구를 대접하든지 국수 대접은 밥 대
접보다 낫게 알고, 국수 대접에는 편육 한 접시라도 놓나니 그런고로 대
접 중에 나으리라."라고 기록되어 있다. 지금은 밀가루가 흔한 재료가 되
었지만 예전에는 밀가룻값이 매우 비싸서 특별한 날이 아니고서는 먹기가
힘들었다.

국수에는 밀가루 또는 메밀가루를 물로 반죽해서 틀에서 뽑아낸 압착면(壓搾麵), 반죽을 얇게 밀어서
칼로 썬 절단면(切斷麵), 반죽을 양손으로 잡아당겨서 가늘게 뽑아내는 타면(打麵) 등이 있다. 우리나라에
서 국수의 주재료로 사용하였던 것은 메밀로서 흔히 면 하면 메밀로 만든 면을 의미하며 밀가루로 만든 것
은 난면이라고 표현하였다. 그 외에도 국수를 끓는 물에 삶아 뜨거운 장국을 부어 먹는 건진 국수와 장국
에 면을 직접 넣고 끓여 먹는 제물국수, 국수를 삶아 찬물에 헹군 후 차게 식힌 장국을 붓고 고명을 얹어
먹는 냉면, 삶은 국수에 갖가지 재료와 양념을 넣고 섞은 비빔국수 등이 있다.

④ 만두

만두는 밀가루 반죽을 얇게 밀어 그 속에 고기, 채소 등을 잘게 다져 양념한
소를 채워 넣고 다양한 모양으로 빚은 것을 말한다. 만두의 기원은 중국이며
송대의 『사물기원』에 의하면 "촉(蜀)의 제갈공명이 남만(南蠻)의 맹획(孟
獲)을 정벌하고 노수(瀘水)까지 왔을 때 풍랑이 심하여 건널 수 없으니, 한
부하가 수신(水神)을 위로하기 위하여 만지(蠻地)에서는 만인의 풍속에 따
라 사람 머리를 의성으로 제단에 바칠 것을 진언하자 공명은 개선의 도상에
한 사람이라도 더 죽인다는 것은 견딜 수 없는 노릇이라 하고 양과 돼지의 고기
를 면(麵)에 싸서 사람 머리처럼 만들어 이를 대신하니 만두란 이름은 여기서 비롯되었다."라고 전해진다.

만두피의 재료에 따라 밀가루로 만든 밀만두, 메밀가루로 만든 메밀만두, 흰 생선살을 얇게 포를 떠서
만두피 대신 사용한 어만두 등이 있으며, 소의 재료에 따라 꿩만두, 고기만두, 준치를 쪄서 살을 발라 다
진 소고기와 함께 섞어 양념하여 갸름하게 빚어 찐 준치만두 등이 있다. 특히 여름에는 밀가루 반죽을 매
우 얇게 밀어 오이와 고기를 넣어 해삼 모양으로 빚은 규아상, 네모난 모양으로 빚어 만든 편수(片水) 등
을 만들어 차게 식혀 먹었다.

(2) 부식류

① 국, 찌개, 전골

뜨거운 국물을 땀을 뻘뻘 흘려 가며 먹으면서도 "시원하다."라고 표현할 정도로 한국 사람들은 국물이
있는 요리를 뜨겁게 먹기를 즐긴다.

한국 전통식인 반상 차림에서 국은 김치와 더불어 반찬 가짓수에 포함되지 않는 기본적인 부식이다. 재
료에 따라 맹물에 국간장으로 간을 한 맑은장국(콩나물국, 무국), 쌀뜨물에 된장 또는 고추장으로 간을 하
여 탁하게 끓인 토장국(아욱국, 시금치국), 재료를 물에 넣고 오랜 시간 고아서 그 맛이 충분히 우러나게

끓여 소금으로 간을 한 고음국(곰탕, 설렁탕) 등이 있다.

찌개는 국에 비해 간이 짜며 건더기가 넉넉하고 국물 맛이 대체로 진한 편이다. 한국 사람이 가장 즐기는 한국 음식에 김치찌개가 1위로 꼽힐 정도로 우리의 식탁에 흔히 오르지만 질리지 않고 오랜 시간 동안 즐길 수 있는 이유는 별다른 반찬 없이도 주식인 밥과 함께 먹기에 충분하고 짭짜름한 간과 진한 국물 맛, 간이 밴 건더기 등이 조화를 이뤄 특유의 감칠맛을 만들어 내기 때문이라고 생각한다. 된장찌개, 청국장 찌개, 김치찌개 등의 맛이 진한 찌개뿐 아니라 새우젓으로 심심하고 개운하게 간을 한 두부젓국찌개 등이 있다.

전골은 즐기기에 적당한 온도가 95℃ 이상으로 음식 중 가장 높은 온도에서 제맛을 내는 음식이다. 여럿이 둘러앉아 상 위에서 끓여 가며 먹는 전골은 먹기 편하기 위해 그 용기가 비교적 넓고 깊이가 얕으며 냄비의 뚜껑이 없는 것이 특징이다. 국에 비해서는 국물의 양이 적으며, 상고 시대에 전쟁 중 군사들이 머리에 쓰는 철관(鐵冠)을 벗어 고기와 생선들을 끓여 먹은 데서 유래했다는 설이 있다. 연한 재료는 생으로 사용하고 익히기에 시간이 오래 걸리는 재료들은 미리 한번 부드럽게 익힌 후 사용하며 그 외에 다양한 재료들을 사용한다. 신선로는 가장 호화로운 전골 요리로 입을 즐겁게 한다는 의미의 열구자탕(悅口子湯)으로 불리기도 하며, 주안상에 주로 올렸던 전통 음식으로 화려한 색채 때문에 전통 음식 중에서도 얼굴로서의 역할로 자주 등장한다.

② 찜, 선

찜은 재료를 크게 썰어 물을 넉넉히 붓고 갖은 양념을 얹어 재료 속에 양념이 천천히 배도록 뭉근하게 끓여 국물이 자작하도록 한 음식을 말한다. 소고기, 돼지고기, 닭고기뿐 아니라 소의 부산물인 갈비, 우설 등을 고급 찜의 재료로 사용하며 도미, 아귀, 북어, 새우, 대합, 꽃게 등 물속에서 얻는 재료 등도 매우 다양하게 사용한다.

선은 찜의 한 형태로 채소에 칼집을 넣어 데치거나 소금물에 절여 부드럽게 한 후 속 안에 속고명을 채우고 쪄내 초간장 또는 겨자장을 찍어 먹기도 한다. 광어, 민어, 동태 등 흰살 생선의 살을 얇게 저며 달걀, 버섯, 당근, 오이 등의 오색 고명을 안에 넣고 돌돌 말아 찐 어선과 닭고기 살과 두부를 섞어 양념하여 네모나게 반대기를 빚어 갖은 고명을 얹어 쪄낸 두부선 등도 있다.

③ 구이, 적(炙)

구이는 인류가 불을 사용하게 된 후 가장 먼저 시작한 원시적인 조리법으로, 불꽃에 재료가 직접 닿도록 굽는 직화법(直火法)과 불에 불판을 달구어 뜨거워지면 그 위에 재료를 얹어 불꽃이 닿지 않도록 굽는 간접법이 있다. 직화법으로 음식을 구우면 원료로 사용한 나무, 숯 등에서 나오는 향과 음식이 익는 과정 중에 발생한 즙 및 양념 등이 떨어져 타서 올라오는 연기의 향이 묘하게 어우러져 음식에 배어 간접법에 비해 그 맛이 그윽하고 독특하지만 암을 유발하는 여러 물질들이 연기를 통해 음식에 같이 배게 되므로 건강을 위해 많이 권장할 만한 조리법은 아니라고 할 수 있겠다. 간접법은 직화법에 비해 음식의 맛은 다소 떨어지지만 불의 세기 조절이 좀 더 수월하여 태우지 않고 속까지 완전히 익힐 수 있으며 완성된 음식 모양의 변형이 거의 없다는 장점이 있다.

적(炙)은 구이에 포함된 조리법으로 고기를 꼬챙이에 꿰어 굽는 방법을 말하지만 섭산적, 맥적 등 예외적인 것도 있다. 맥적의 맥은 맥족(貊族) 또는 중국의 동북 지방이나 고구려를 가리키는 말로 맥적은 고구려 사람들이 먹던 우리나라의 전통적인 고기구이이다. 옛 문헌에는 수렵으로 잡은 고기를 향이 강한 채소와 술, 기름, 장으로 양념하여 재어 두었다가 꼬챙이에 꿰어 불 위에서 구운 것이라고 기록되어 있으며, 이는 현대의 한국 음식을 대표하는 불고기의 전신이라고 할 수 있겠다.

④ 전

전은 고기, 생선, 채소 등의 재료를 다지거나 얇게 저며 양념하여 밀가루와 달걀을 씌워 번철에 기름을 두르고 노릇하게 양쪽 면을 지져 내는 조리법이다. 전유어, 저냐, 부침개, 지짐 등 다양한 이름으로 불리며, 잔치 음식에서 빠질 수 없는 음식으로 전을 지질 때 나는 구수한 기름 냄새만 맡아도 잔치를 벌이는 분위기를 읽을 수 있을 정도이다.

전을 만들 수 있는 재료는 비교적 다른 조리법에 비해 다양하며 사용하는 재료에 따라 재료의 명칭을 따라서 호박전, 표고전, 풋고추전, 생선전, 부추전 등의 이름이 붙는다. 재료의 신선도가 음식의 맛을 크게 좌우하고, 전을 익히는 온도가 매우 적절해야 하며, 사용하는 기름의 양, 전에 입히는 밀가루와 달걀의 양 등이 중요한데 이는 음식의 맛뿐 아니라 모양새에도 큰 영향을 미쳐 전의 완성도를 결정짓는 중요한 요소가 된다. 간장, 식초를 사용한 초간장을 곁들여 낸다.

⑤ 나물(생채, 숙채)

나물은 잎채소, 산나물, 뿌리채소 등을 데치거나 찌거나 삶거나 볶아서 갖은 양념에 무친 것으로 익히지 않은 상태로 양념을 한 것을 생채, 익혀서 양념한 것을 숙채라고 부른다.

손의 온도가 따뜻하며 살집이 도독한 사람은 손에서 기(氣)가 나와 손으로 직접 양념을 버무려 만드는 한국 음식의 맛을 더욱 깊게 해 준다고 한다. 특히 갖은 양념을 골고루 사용하는 나물은 손으로 야무지게 주물러 손맛이 양념과 더불어 재료 속까지 골고루 깃들므로 음식을 통해 어머니의 손맛을 느낄 수 있는 대표적인 음식이다.

예전에는 먹을 음식이 귀해 산이나 들에 지천이었던 나물을 캐다 죽을 끓여 먹기도 하고 말려서 신선한 채소를 구하기 힘들었던 겨울철에 요긴하게 사용했었다. 점차 서구화되어 가는 현대 사회에서 고기 맛에 길들여진 우리에게 너무도 부족해진 섬유질을 보충하고자 한다면 밥상에 매일같이 나물 반찬을 풍성하게 올리는 것이 가장 효과적인 방법이라고 하겠다.

⑥ 조림, 초(炒), 볶음

조림은 반찬을 만들 때 많이 애용하는 조리법으로 육류, 어패류, 채소 등 다
양한 재료를 사용할 수 있다. 간장, 설탕, 참기름 등을 주된 양념으로 쓰며
국물이 거의 없을 정도로 조려 대체로 색이 진하고 간이 센 것이 특징이
다. 간을 특히 세게 한 장조림 같은 경우에는 진해진 염도 때문에 오래 두
고 먹어도 변하지 않는 밑반찬으로서 사랑받고 있다.

초(炒)는 볶는다는 의미이며 물에 간장 양념을 하여 재료를 넣고 국물이
거의 없을 정도로 바짝 조리는 경우가 있으며 홍합과 전복을 가장 많이 쓴다.

마른 재료를 물 없이 양념하여 볶는 볶음에는 멸치볶음, 새우볶음, 고추장볶음, 오징어볶음, 고기볶음
등 다양한 재료들을 사용한다. 비교적 단시간에 익혀 내야 하므로 단단한 재료는 가늘게 썰거나 미리 한
번 익힌 후 볶아 주면 조리 시간을 단축할 수 있다. 많은 양의 식물성 기름이 음식에 흡수되어 지용성 비
타민의 흡수를 돕는다.

⑦ 회(膾)

회라고 하면 보통 생회(生膾)를 말하며 어패류나 소고기를 익히지
않은 상태로 양념장에 찍어 먹거나 밑간을 해서 먹는 음식으로 재료
의 신선함이 무엇보다 중요하다. 광어, 도미, 우럭 등의 흰 살 생선뿐
아니라 새우, 가재, 조개, 굴 등의 싱싱한 해산물을 횟감으로 주로 쓰
며, 소고기의 경우에는 기름기 없는 우둔살 부위와 간, 천엽 등의 내장 부
위도 많이 사용한다. 그 외에도 생선살, 오징어, 낙지 등의 재료를 끓는 물에 살
짝 데쳐 먹는 숙회(熟膾)와 미나리나 쪽파의 잎을 데쳐 돌돌 감아 초고추장에 찍어 먹는 강회 등도 있다.

홍어회는 전라도 지방에서는 잔치 음식에서 절대 빠질 수 없는 음식으로 그곳의 잔치에 가서 홍어를 맛
보지 못하면 대접을 제대로 받지 못했다고 생각할 정도로 귀한 손님을 대접하는 대표 음식이기도 하다. 날
회를 그대로 먹기도 하지만 특유의 톡 쏘는 맛을 즐기려면 토막 낸 홍어를 종이로 말아 수분을 흡수해 주
면서 항아리나 밀폐 용기에 넣고 여름에는 1~2일, 겨울에는 5~6일 정도 삭힌다. 이렇게 하면 홍어 속에
함유된 요소라는 성분이 발효하여 특유의 암모니아 냄새를 풍기며 독특한 풍미를 준다. 삭힌 홍어를 처음
맛보는 사람들에게는 익숙하지 않은 맛이나 한번 맛을 들이면 잊을 수 없는 맛이기도 하다.

⑧ 마른반찬

마른반찬은 고기나 생선, 해산물, 채소 등을 소금 또는 간장 등으로 간
을 하여 햇볕에 바싹 말려 오랜 기간 동안 두고 먹을 수 있도록 만든 저
장식이다. 재료를 구하기 힘든 시기에도 이렇게 말려 둔 재료로 계절
에 상관없이 음식을 만들어 낼 수 있는 매우 요긴하면서도 경제적인
방법이라고 하겠다.

고기나 생선을 얇게 저며 양념하여 말린 포, 되직하게 쑨 찹쌀풀을
짭짤하게 소금으로 간하여 채소의 잎이나 열매 등에 발라 햇볕에 말려 기

름에 튀긴 부각, 다시마를 기름에 튀긴 튀각, 생선 또는 해산물 등에 소금 간을 하여 말린 자반 등이 있으며 말린 생선이나 해조 등에 여러 양념을 하여 국물 없이 무친 무침 등이 있다. 북어살을 손으로 잘게 찢거나 곱게 갈아 각색으로 물들인 북어보푸라기는 특히 죽과 같이 곁들이기에 안성맞춤인 마른반찬이다.

⑨ 김치, 장아찌, 젓갈

대표적인 한국 음식을 한 가지만 꼽으라고 하면 한국 사람이나 외국 사람이나 주저 없이 김치를 자신 있게 말한다. 김치는 한국의 독특한 양념이 사용된 세계 어느 나라에서도 볼 수 없는 자랑스러운 우리만의 발효 저장 음식이다. 일본이 한국의 김치를 따라 기무치를 만들었지만 긴 역사를 자랑하는 만큼의 발효된 깊은 맛을 지니지는 못했다. 김치냉장고라는 새로운 가전제품 문화가 자연스럽게 만들어진 것도 김치라는 존재

가 한국 사람에게 얼마나 중요한 가치가 있는 음식인지를 대변해 준다. 예전보다는 그 규모가 많이 줄긴 했지만 한겨울을 준비하면서 가정의 가장 큰 행사였던 김장 또한 그러하듯이 말이다.

배추뿐 아니라 무, 오이, 파, 고들빼기, 총각무, 호박, 부추, 고추, 해물 등 다양한 재료를 사용한 수많은 종류의 김치가 있으며 각 지방마다 특색 있는 김치들이 발달하였다. 남도 쪽으로 내려갈수록 따뜻한 기후 때문에 젓갈과 소금, 고춧가루를 많이 사용하여 간이 세고 맛이 진한 김치들이 발달하였고, 서울을 중심으로 한 북쪽 지방에서는 간이 세지 않으며 젓갈을 많이 쓰지 않아 국물이 시원한 것이 특징이다. 특히 김치의 톡 쏘는 시원하고 새콤한 맛을 내는 주성분은 유산 발효에 의해 얻어진 유산균으로서 이는 장의 점막을 자극하여 장 속의 노폐물을 제거하고 변비를 예방하는 등의 효과가 있어 요구르트를 먹는 것보다 잘 익은 김치를 꾸준히 상에 올리는 것이 장 건강에 더욱 이롭다고 할 수 있다.

장아찌는 김치의 원조격으로 무, 고추, 오이, 마늘종, 깻잎, 버섯 등의 재료를 소금 또는 간장, 된장, 고추장 등에 절인 음식을 말한다. 삼투압 현상으로 수분이 빠지고 재료의 부피가 줄어 조직이 단단해지며 내용물의 속까지 짭짤한 간이 배어 오랫동안 먹을 수 있는 것이 특징이다. 보통 익히지 않은 날 재료를 사용하여 담그지만 무숙장아찌, 오이숙장아찌처럼 재료를 살짝 볶아 익혀 즉석에서 만들어 먹을 수 있는 장아찌는 갑자기 만들어졌다고 해서 갑장과라는 이름으로 부르기도 하였다.

젓갈은 김치를 담글 때만 사용하는 것이 아니라 그 자체를 밑반찬으로 즐기거나 다른 음식의 간을 맞추는 데도 주로 사용한다. 어패류의 살, 내장, 알 등에 20% 안팎의 소금으로 간을 하여 발효시킨 것으로 발효 과정에서 생성된 아미노산 성분들이 독특한 감칠맛을 낸다. 멸치, 오징어, 명태알, 명태 내장, 대구 아가미, 꼴뚜기, 낙지, 밴댕이, 소라살 등 다양한 재료들을 사용하며, 특히 새우젓은 음력 유월에 살이 가장 통통하게 올랐을 때 잡은 것으로 담근 육젓을 최고로 친다.

(3) 후식류

① 떡

곡물을 가루 내어 물로 반죽하여 증기를 이용하여 찌거나, 쪄서 치거나, 삶거나, 기름에 지지거나 튀겨 낸 음식으로 명절이나 통과 의례 때의 상차림에는 떡을 반드시 곁들여 그 상징적 의미를 더했다.

시루에 쪄서 만든 찐 떡으로는 백설기, 팥시루떡, 두텁떡, 증편, 송편 등이 있고, 멥쌀 또는 찹쌀을 가루 내어 시루에 찌거나 찹쌀로 밥을 지어 떡메 또는 절구에 놓고 끈기가 생기도록 쳐서 만든 절편, 가래떡, 인절미, 각색 단자 등이 있다. 찹쌀가루를 익반죽하여 둥글게 빚어 끓는 물에 삶아 고물을 묻힌 경단은 삶은 떡에 들어가며, 익반죽한 찹쌀가루를 둥글납작하게 빚고 기름에 지져 진달래, 국화잎을 얹어 모양낸 화전과 송편 모양으로 빚어 튀긴 주악 등은 지지는 떡에 속한다. 특히 화전은 삼짇날(음력 3월 3일) 동산에 핀 진달래 꽃잎을 따서 찹쌀 반죽에 얹어 지져 먹는 풍습에서 유래된 것으로 옛 조상들의 풍류를 읽을 수 있다.

② 음청류

차(茶)는 잎, 곡류, 또는 약재, 과일 등을 갈거나 말려서, 또는 썰어서 꿀 또는 설탕에 재었다가 뜨거운 물에 우려내거나 끓여서 마시는 것으로 녹차, 보리차, 인삼차, 생강차, 국화차, 유자차, 모과차, 구기자차, 오미자차, 대추차, 율무차, 쌍화차, 옥수수차 등 수많은 종류가 있다.

화채(花菜)는 시원한 물에 꿀, 설탕 등을 넣어 단맛을 낸 후 과일 또는 꽃잎을 띄워 마시는 것으로 진달래화채, 수박화채, 오미자화채, 앵두화채, 산딸기화채, 유자화채 등 다양하다.

밀수(蜜水)는 꿀물에 떡, 보리, 찹쌀 경단 등을 띄워 먹는 것으로 건더기가 있으며 단맛을 가진 것이 화채와 비슷하다.

식혜(食醯)는 보리 싹을 틔워 만든 엿기름가루를 우려낸 물에 고슬고슬하게 지은 밥을 넣고 따뜻한 온도에서 일정 시간 동안 발효시켜 밥알이 떠올라오면 밥알을 건져내 물에 헹궈 두고 식혜물은 설탕으로 간을 하여 팔팔 끓인 후 차게 식혜 밥알을 띄워 낸 것으로 발효 과정 중에 생성된 분해 효소인 말테이스(maltase)가 밥의 소화를 돕기도 한다. 이 식혜물을 오랫동안 끓이면 조청이 되고 조청을 더 오랫동안 끓여 식히면 단단한 갱엿이 되어 설탕이 귀했던 옛날에는 단맛을 내는 중요한 재료로서 사용되었다.

수정과(水正果)는 통계피와 생강을 우려낸 물에 설탕으로 단맛을 내고 곶감을 띄워 수정과 국물이 부드럽게 흡수되면 국물과 함께 먹는 것으로 진한 계피와 생강의 향 그리고 짙은 갈색의 맑은 국물이 특징이다. 또 배에 통후추를 깊게 박아 수정과 국물에 은근히 끓여 매콤하면서도 향긋하게 만든 배숙도 수정과의 한 종류라고 할 수 있겠다. 그 외에도 탕(湯), 장수(漿水), 갈수(渴水), 숙수(熟水), 즙(汁), 우유(牛乳) 등 다양한 종류의 마실 거리가 발달해 있다.

③ 한과

고려 시대에는 숭불 정책으로 차 문화가 많이 발달하였고 이와 더불어 차와 곁들여 먹을 수 있는 한과가 같이 발달하였으며 특히 국가적 행사, 제사에 필수 음식이 되었다. 기호 음식으로서의 가치를 가졌기에 왕실 반가와 귀족들 사이에서 성행하여 발달한 음식으로 당시로서는 서민들이 쉽게 접할 수 없는 귀한 재료를 사용하였다.

3. 상차림의 종류

한 상에 차리는 주식류와 반찬을 규칙에 따라 배열하는 방법으로 상의 주식이 무엇이냐에 따라 밥과 찬을 차리는 반상, 죽과 찬을 차리는 죽상, 국수나 만둣국ㆍ떡국을 차리는 면상(국숫상)이 있으며 손님을 접대하는 교자상, 술과 안주를 차리는 주안상(술상), 다과를 차리는 다과상, 임금님의 밥상인 수라상이 등이 있다.

(1) 반상

우리나라의 일상식 상차림으로 밥과 국과 김치가 기본이 되며, 반찬을 담는 그릇인 쟁첩의 가짓수에 따라 첩수라 하여 3ㆍ5ㆍ7ㆍ9ㆍ12첩 반상이 있다. 12첩 반상은 임금님의 수라상으로만 차릴 수 있었으며 아무리 높은 신분이라도 허용되지 않았다.

신분이나 빈부에 따라 규모에 차이가 있었으며, 5첩 반상 이상에 놓이는 찌개나 찜, 음식의 간을 맞추는 장, 초장 그릇 등은 첩수에 포함되지 않았다.

(2) 죽상

소화되기 쉬운 죽을 주식으로 한 상차림으로 맛이 강하지 않은 반찬을 곁들이는 것이 좋으며 나박김치, 동치미, 젓국으로 간을 한 맑은 조치, 육포, 북어보푸라기 등의 마른반찬이 놓인다.

(3) 면상

밥을 대신하여 주식을 국수, 만둣국, 떡국으로 차리는 상으로 주로 점심 또는 간단한 식사 때에 차려 내거나 많은 손님을 치르는 잔치 음식상을 차릴 때 주로 사용하였다. 전, 잡채, 배추김치, 나박김치 등과 함께 화채류, 각종 떡과 한과, 생과일 등을 곁들이기도 하였다.

(4) 교자상

명절이나 잔치 때 많은 사람이 함께 모여 한 상에 둘러앉아 식사를 할 경우 차리는 상으로 반상, 면상, 주안상 모두가 함께 어울린 상차림이다. 이때는 주로 면류를 주식으로 하되 계절에 맞는 것을 내며 탕, 찜, 전, 편육과 신선로와 같은 전골류 등을 차려 낸다.

(5) 주안상

술을 대접하기 위해 차리는 상으로 청주, 소주, 탁주 같은 술과 함께 안줏거리로 전골, 찌개 등 국물이 있는 뜨거운 음식과 전, 회, 편육, 육포, 어포 등의 포를 비롯한 마른안주, 김치 등이 놓인다.

(6) 다과상

음청류를 마시기 위한 상차림으로 각종 차, 화채, 식혜, 수정과 등과 함께 곁들여 먹을 수 있는 유밀과, 다식, 유과 등의 한과가 놓인다.

(7) 돌상

아기가 태어나서 처음으로 맞이하는 생일상으로 생후 첫 해 동안 무탈하게 살아온 것을 축복하며 앞으로도 이와 같이 건강하게 살아가기를 기원하는 의미로 차린다. 백설기, 수수경단, 송편, 대추, 쌀, 면, 타래실, 책, 붓, 먹, 벼루, 활, 화살, 자, 돈 등을 놓아 돌잡이를 하게 하여 아이의 건강하고 밝은 미래를 기원하기도 한다.

(8) 혼례상(교배상)

혼례 절차를 위해 차리는 상으로 청홍색 양초 한 쌍, 소나무가지 · 대나무가지 꽃병 한 쌍, 찹쌀 두 그릇, 닭 한 쌍, 밤, 대추, 술, 술잔, 향불, 정화수 등이 놓인다.

(9) 폐백상

혼례 시 신부가 시댁 어른에게 첫 예를 올릴 때 차리는 상으로 신부의 친정 솜씨가 그대로 드러나므로 정성을 다해 마련했다. 육포, 대추고임, 마른구절판, 고명닭 등 다양한 종류의 폐백 음식을 깨끗한 술과 함께 대접한다.

(10) 큰상

혼례, 회갑, 진갑, 회혼례 등의 잔치 때 주인공을 대접하기 위해 차리는 상으로 유밀과, 떡, 전유어, 적 등을 높이 괴어 상 앞쪽에 나란히 놓으며 음식을 괸 높이에 따라 부와 명예를 과시하기도 하였다. 현대에서는 모조품으로 대신하기도 한다.

(11) 제상

제사 때 제물을 올리는 상으로 제사에 올리는 음식에는 고춧가루와 마늘을 사용하지 않으며 껍질에 털이 있는 과실과 비늘이 없는 생선 또한 올리지 않는다.

제수의 진설(陳設)은 각 지방과 가풍에 따라 차이가 있으나 대체로 다음과 같은 법칙을 따른다.

제주가 제상을 바라보는 방향으로 오른쪽을 동(東), 왼쪽을 서(西)라 하며 제주 편에서 맨 앞줄에 과일, 둘째 줄에 포와 나물, 셋째 줄에 탕, 넷째 줄에 적과 전, 다섯째 줄에 메(밥)와 갱(국)을 놓는다.

棗栗柿梨(조율시이 : 대추, 밤, 감, 배의 순서로), 紅東白西(홍동백서 : 붉은 과일은 동쪽으로, 흰 과일은 서쪽으로), 生東熟西(생동숙서 : 김치는 동쪽으로, 나물은 서쪽으로), 左脯右醯(좌포우해 : 포는 왼쪽으로, 젓갈은 오른쪽으로), 魚東肉西(어동육서 : 생선은 동쪽으로, 고기는 서쪽으로), 頭東尾西(두동미서 : 생선 머리는 동쪽으로, 꼬리는 서쪽으로), 乾左濕右(건좌습우 : 마른 것은 왼쪽으로, 젖은 것은 오른쪽으로), 楪東盞西(접동잔서 : 접시는 동쪽으로, 잔은 서쪽으로), 左飯右羹(좌반우갱 : 밥은 왼쪽으로, 국은 오른쪽으로), 男左女右(남좌여우 : 남자는 왼쪽, 여자는 오른쪽)의 법칙에 따른다.

4. 시식과 절식

세시 음식은 절식(節食)과 시식(時食)으로 나뉘며 절식이란 다달이 명절에 차려 먹는 음식이고 시식은 사계절에 따라 나는 식품을 이용하여 만든 음식으로 이는 전통적으로 농경 사회였던 우리나라의 농사 월령과 매우 관계가 깊고 풍년을 기원하며 감사하는 마음이 담겨 있다.

(1) 설날

음력 정월 초하룻날로 우리 민족 최대의 명절이며 새해를 맞이하여 깨끗한 새 옷으로 단장하고 조상에게 예를 드린 후 웃어른들에게도 세배를 한다. 떡국, 만두, 약식, 인절미, 빈대떡, 강정류, 식혜 등을 차려내며 특히 떡국을 먹어야 나이를 한 살 더 먹는 것이 된다고 할 정도로 떡국은 설날에 빼놓을 수 없는 음식이다. 이북 지방은 만두를 빚어 만둣국을 끓여 먹었으며, 개성 지방에서는 눈사람 모양의 조랭이떡을 사용하여 조랭이떡국을 만들어 먹었다.

(2) 상원 절식(上元節食)

한 해 중 보름달이 가장 크고 밝게 뜨는 날인 정월 대보름에는 오곡으로 지은 밥과 아홉 가지의 묵은 나물반찬을 해 먹었으며 잣, 호두, 땅콩 등 견과류의 껍데기를 깨 가면서 먹었다. 부럼을 먹어야 1년 동안 종기나 부스럼이 생기기 않는다고 믿었다. 그 외 복쌈, 귀밝이술 등이 이날의 주요한 음식으로 꼽힌다.

(3) 입춘 절식(立春節食)

입춘에는 입춘오신반(立春五辛盤)이라 하여 움파, 산갓, 당귀싹, 미나리싹, 무 등의 다섯 가지 시고 매운 생채 요리로 입맛을 잃기 쉬운 봄에 미각을 돋울 수 있도록 했다. 청포묵을 채 썰어 초장에 무친 탕평채, 죽순나물, 달래나물 등도 봄맞이 음식으로 이때 해 먹었다.

(4) 중화 절식(中和節食)

음력 2월 초하루를 농사일을 시작하는 날로 삼았으며 이날은 노비일, 머슴날 등으로 불렸다. 콩과 팥소를 넣고 크게 빚은 노비송편을 농사일에 수고할 일꾼들에게 나누어 먹었다.

(5) 중삼 절식(重三節食)

3자가 두 번 겹치는 음력 3월 3일 중삼절(삼짇날)은 계절적인 풍류에서 비롯된 명절로 이날은 강남 갔던 제비가 돌아오는 날이다. 동산에 올라 활짝 핀 진달래 꽃잎을 찹쌀 반죽 위에 얹어 지져 먹으며 화전놀이를 행하였으며 그 외에도 진달래화채, 쑥떡 등을 해 먹었다.

(6) 한식(寒食)

동지로부터 105일째 되는 날로 부엌살림을 하는 부녀자는 불씨를 꺼뜨리면 안 되었지만 이날은 나라에서 봄에 새로 불을 만들어 대궐 안에서부터 민간에게 반포하고 묵은해에 써 오던 불의 사용을 금하였다. 불이 없어 음식을 만들 수 없는 날이었으므로 전날 만들어 놓은 찬 음식을 그대로 먹는 풍습이 있었다.

(7) 춘절 시식(春節時食)

탕평채와 수란, 웅어감정을 만들어 먹었다. 웅어는 멸칫과의 바닷물고기로 봄과 여름에 강으로 올라와 산란하는 회유성 어류이며, 맛이 좋아 왕가에도 진상했다고 고서에 기록되어 있다.

(8) 등석 절식(燈夕節食)

4월 초파일 석가탄신일을 맞이하여 집집마다 등을 달고 손님을 초대하여 접대했다. 이때의 절식에는 녹두찰떡, 쑥편, 장미화전, 주악, 석이단자, 신선로, 도미찜, 미나리강회, 햇김치, 느티나무의 연한 잎을 따서 멥쌀가루와 섞어 찐 유엽병 등이 있다.

(9) 단오 절식(端午節食)

1년 중 양기가 가장 왕성한 날로 음력 5월 5일 단옷날에 부녀자들은 창포 뿌리를 머리에 꽂거나 창포 삶은 물에 머리를 감았다. 수리취떡, 알탕, 준치국, 붕어찜, 앵두화채 등을 먹고 그네뛰기, 씨름 등의 민속놀이를 했다.

(10) 유두 절식(流頭節食)

유두는 동류두목욕(東流頭沐浴)을 줄인 말이며, 음력 6월 보름에 동쪽으로 흐르는 물에 머리를 감고 목욕을 하여 재앙을 떠내려 보내고 유두 음식을 차려 먹었다. 더운 시기라 더위를 잊기 위해 시원한 음료인 떡수단, 보리수단 등과 함께 증편, 편수, 상추쌈, 상화병 등을 절식으로 하였다.

(11) 삼복 절식(三伏節食)

연중 가장 더운 절기로 땀을 많이 흘려 피로를 느끼기 쉬운 시기였으므로 몸을 보호하는 음식을 즐겼다. 육개장, 삼계탕, 개장국, 임자수탕, 민어국 등이 있으며 개고기를 점잖지 못하다고 생각했던 양반이나 부녀자들은 개장국을 끓이는 방법으로 소고기를 대신하여 얼큰하게 끓인 육개장을 즐겨 먹었다.

(12) 칠석 절식(七夕節食)

음력 7월 7일은 전설 속의 견우와 직녀가 만나는 날로 이날 여자들은 길쌈과 바느질을 관장한다는 직녀에게 이를 잘하게 해 주기를 기원하였다. 이때는 여름철이 거의 끝날 무렵으로 집집마다 옷과 책을 볕에 쪼여 습기를 없애는 쇄서폭의(曬書曝依) 풍습이 있었다. 밀전병, 증편, 밀국수와 잉어, 넙치, 취나물, 고비나물, 복숭아화채, 오이소박이 등을 먹었다.

(13) 백중(百中)

망혼(亡魂)일이라 하며 음력 7월 보름밤에 채소, 과일, 술, 밥 등을 차려 놓고 죽은 어버이의 혼을 부르는 풍습이 있었다. 게장, 게찜, 두부, 순두부, 햇과일, 떡, 어리굴젓, 멸치젓 등을 절식으로 먹었다.

(14) 중추 절식(仲秋節食)

음력 8월 15일 추석은 한가위 또는 중추절이라고도 한다. "더도 덜도 말고 한가위만 같아라."라는 말이 있을 정도로 오곡백과가 무르익어 지천에 풍성한 먹거리가 보기만 해도 배가 부를 정도이다. 햇곡식을 추수하여 송편을 빚고 밤, 대추, 감 등의 햇과일을 따서 선조께 차례를 지내고 성묘를 하였다. 송편, 토란탕, 화양적, 지짐누름적, 닭찜, 배숙, 율란, 조란, 밤초, 송이산적, 햇과일 등을 먹었다.

(15) 중구 절식(重九節食)

음력 9월 9일로 중양절이라고도 한다. 삼월 삼짓날에 온 제비가 강남으로 떠나는 날로 국화전, 국화주 등 가을을 맞이하여 운치가 돋보인 음식을 먹었다.

(16) 시월상달

새로 난 곡식을 신에게 드리기 가장 좋은 달이라는 뜻에서 음력 10월을 예스럽게 일러 시월상달이라 하였다. 이 밖에도 말의 날이라고 하여 햇곡식으로 술을 빚고 시루떡을 만들어 마구간에 갖다 놓고 말의 무병을 빌었다. 추운 계절로 접어드는 시기로 따뜻한 음식으로 전골 등을 먹었으며 강정 등의 한과를 준비하거나 김장을 했다.

(17) 동지 절식(冬至節食)

동지는 1년 중 낮이 가장 짧고 밤이 가장 긴 날로 민간에서는 작은설이라고도 하였으며, 이날을 기점으로 하여 낮이 길어진다. 팥죽을 쑤어 찹쌀가루로 빚은 새알심을 나이 수대로 넣어 먹었으며, 팥죽이 악귀를 쫓아낸다고 하여 주술의 의미로 장독대나 대문에 뿌리기도 하였다.

(18) 납향 절식(臘享節食)

한 해 동안 지은 농사 형편을 여러 신에게 고하는 제사를 지내는 날로 제사를 지낼 때 쓰는 멧돼지나 산돼지 등의 산짐승 고기를 납육(臘肉)이라 하였다. 골동반, 장김치 등이 절식으로 전해진다.

(19) 대회(大晦)

음력으로 한 해의 마지막 날인 섣달그믐을 말하며 제일(除日)이라고도 한다. 밤새도록 불을 밝히고 잠을 자지 않아야 복을 받는다는 수세(守歲) 풍습이 있다. 남은 음식을 한 해가 시작되는 다음 날까지 넘기지 않기 위해 모두 모아 골동반을 만들어 먹었다. 그 외에도 잡과병, 주악, 떡국, 만두, 모듬전골, 통김치, 장김치, 수정과, 식혜 등을 먹었다.

5. 한국 음식의 양념

소금 음식의 간을 맞추는 데 가장 기본적인 조미료로서 짠맛을 내며 정제도에 따라 크게 호렴, 재염으로 나눈다. 칼슘과 마그네슘이 많이 함유된 호렴은 굵은 소금이라고도 불리며 이러한 무기질 성분이 채소 조직을 단단하게 하므로 배추를 절일 때 많이 사용한다. 꽃소금이라고도 불리는, 눈처럼 하얀 재염은 굵은 소금을 정제하여 불순물을 제거한 것으로 음식의 간을 맞추는 데 주로 사용한다.

설탕 단맛을 내는 데 사용하는 조미료로서 설탕이 귀했던 예전에는 꿀과 조청, 엿 등으로 대신하여 음식의 단맛을 냈다. 사탕수수나 사탕무의 즙을 농축시켜 얻어 낸 것으로 정제도에 따라 흑설탕, 황설탕, 흰설탕 등으로 나누며 각각의 용도에 따라 다양하게 사용한다.

간장 콩으로 메주를 쑤어 말리면 이때 생긴 곰팡이가 발효균으로서의 역할을 하며, 잘 말려 깨끗이 씻은 메주를 소금물에 담가 그 맛이 충분히 우러나면 국물은 달여 간장으로 쓰고 건더기는 소금을 넣고 이겨 따로 항아리에 꾹꾹 눌러 담아 된장으로 쓴다. 간장의 색은 메주의 주원료인 콩 속에 함유된 아미노산이 발효 과정 중에 반응을 일으켜 갈변한 것이다.

고추장 간장과 된장은 우리나라뿐 아니라 가까운 중국과 일본에서도 흔하지만 고추장은 세계 어느 나라에도 없는 우리의 고유 양념이다. 찹쌀가루 반죽을 쪄서 메줏가루와 혼합한 후 당화되어 묽어지면 고운 고춧가루를 섞고 소금으로 간을 맞추어 숙성시킨다. 매운 음식을 즐기는 우리나라 사람들에게 없어서는 안 될 중요한 양념이다.

깨소금 참깨를 깨끗이 씻어 물기를 뺀 후 볶아 소금 입자 정도로 빻은 것으로, 납작한 모양의 깨알이 통통해지며 손으로 비벼 보았을 때 쉽게 가루가 날 정도가 될 때까지 볶아야 알맞다. 지나치게 볶으면 색이 검어지며 쓴맛이 난다. 나물, 무침, 고기 양념 등에 두루두루 쓰며 고소한 맛을 돋워 준다.

참기름 참깨를 볶아서 짠 기름으로, 고소한 맛과 향이 나는 우리나라 음식에 많이 쓴다. 보통 자연 재료에서 얻어지는 기름은 불순물이 없도록 깨끗이 정제하지만 참기름은 특유의 향을 잃지 않기 위해 조금 덜 정제하므로 빛깔이 검고 기름 바닥에 불순물이 가라앉는다. 짙은 향을 비롯하여 불순물 때문에 발연점이 낮아 튀김 기름으로는 사용하지 않으며 주로 나물을 무칠 때 가장 많이 사용한다.

고춧가루 임진왜란 이후에 처음 들어왔다는 설이 유력하며 고춧가루가 내는 매운맛은 이제 한국 음식의 대표적인 맛으로 자리매김할 정도가 되었다. 겨자나 고추냉이가 내는 순간적으로 가라앉는 매운맛과는 다르게 통각을 느끼게 하는 맛으로 혀에 그 느낌이 오래도록 남는다. 특유의 매운맛은 캡사이신이라고 하는 성분 때문이며, 불타는 듯한 붉은색은 카로틴 계통의 지용성 색소 성분 때문으로 이는 매운 느낌을 더해 준다.

후추 독특하고 강한 향을 내는 향신료로서 생선이나 육류 특유의 비린내나 누린내를 없애 주는 역할을 하며 식욕을 증진시킨다. 우리나라뿐 아니라 전 세계적으로도 사랑받는 향신료이다. 통후추를 곱게 갈면 후춧가루가 되며, 통후추는 육수를 낼 때나 배숙 등의 시원한 맛의 음료를 만들 때 주로 사용한다.

식초 음식에 신맛을 낼 때 사용하는 조미료로서 한국 음식에서는 대체로 냉채 음식에 산 뜻한 맛을 내는 중요한 양념으로 쓴다. 또한 간장이나 고추장과 섞어 초간장, 초고추장을 만들어 양념장으로 상 위에 올려 음식의 맛을 돋워 주는 데도 한몫을 한다. 식초의 산 성분은 엽록소의 색을 갈변시키므로 녹색 채소로 만든 음식에 사용할 때는 상에 내기 직전에 넣는 것이 좋다.

새우젓 멸치젓과 더불어 김치를 담글 때 가장 많이 쓰는 젓갈로 담그는 계절에 따라 부르는 이름이 각각 다르다. 산란기인 음력 6월에는 새우살이 가장 통통하게 올랐을 때이며 이때 잡은 새우로 담근 육젓을 새우젓 중에서도 최고로 친다. 김치뿐 아니라 찌개의 간을 맞추는 데도 사용하며 특유의 감칠맛이 국물 맛을 더욱 깊고 시원하게 한다.

겨자 갓의 씨앗을 가루 내어 사용하며 40℃의 온수로 개어 잠시 두면 갓과 같은 톡 쏘는 듯한 매운맛이 코끝을 찡하게 울린다. 해파리냉채와 겨자채에 없어서는 안 될 양념이며, 설탕과 식초를 동량으로 섞고 간장, 소금으로 간하여 매운맛과 함께 새콤달콤한 맛이 어우러진 겨자장은 호박선, 구절판 등 담백한 맛의 음식에 곁들이면 매우 훌륭하다.

파 자극성 있는 냄새와 맛으로 한국 음식에 널리 쓰이며 뿌리 쪽의 흰 부분은 다져서 양념으로 사용한다. 조리 기능사 시험에서는 파를 소금 입자만큼이나 곱게 다져 대부분의 음식에 양념으로 사용하며, 날이 잘 선 칼로 다져야 끈적한 진이 나오지 않고 깔끔하게 다져진다.

마늘 흔히 한국 사람에게서는 마늘 냄새가 난다고 할 정도로 우리나라 음식에 가장 널리 사용되는 양념 중 하나이다. 익히는 과정 중에 매운맛은 부드러워지는 편이나 독특한 향은 그대로 남아 재료의 잡냄새를 없애 주는 역할을 한다. 특히 마늘의 매운맛을 내는 알리신이라는 성분이 탄수화물 대사를 촉진시키는 비타민 B1의 흡수를 도와주는 역할을 하므로 쌀을 주식으로 하는 우리나라 사람들에게는 매우 중요한 양념 중의 하나라고 하겠다.

생강 쓴맛과 매운맛을 동시에 가지고 있으며 강한 향이 나는 생강은 냄새가 심한 육류나 어패류의 비릿한 냄새를 가장 효과적으로 없애 주는 양념이다. 독특한 향기가 있어서 즙을 내어 한과를 만들 때 사용하면 은은한 향을 내준다. 식욕을 돋워 주고 몸을 따뜻하게 하는 작용을 하여 한약재로도 많이 사용한다.

맛술 술 대신에 음식에 사용하기 위해 개발된 것으로 술 속에 여러 가지 양념이 혼합되어 양념의 맛과 단맛이 강하며, 특히 생선의 비린내를 없애는 데 매우 좋다. 대표적으로 미림이라는 상표 이름이 맛술의 대명사처럼 사용되고 있다.

6. 한국 음식의 고명

달걀지단(알고명) 달걀을 흰자와 노른자로 각각 나눈 후 알끈을 제거하고 소금으로 간하여 잘 푼 다음 거품을 걷어 내고 낮은 온도에 데운 팬 위에 부어 얇게 펴서 매끈하게 익힌 것으로 용도에 맞게 채를 썰거나 마름모, 골패 모양 등으로 썬다. 달걀 위에 뜬 거품을 걷어 내지 않거나 익힐 때 팬의 온도가 너무 높으면 기포가 많이 형성되어 매끈한 지단이 되지 않아 고명으로서의 역할을 할 수 없다. 특히 한식 조리 기능사 실기 시험에서 고명으로 가장 많이 사용하므로 시험을 준비하는 사람들은 달걀지단을 얇고 매끄럽게 부칠 수 있도록 많은 연습이 필요하다.

미나리초대 미나리의 뿌리와 잎을 말끔히 떼어 내고 줄기 부분을 적당한 길이로 등분한 후 이쑤시개로 양 끝을 엮은 다음 밀가루와 달걀을 씌워 낮은 온도의 팬에서 달걀옷이 살짝 익을 정도로 익혀 낸 것을 용도에 맞게 썰어 사용한다. 비교적 손이 가는 고명으로 미나리를 너무 익히면 숨이 죽거나 고유의 푸른색이 변해 버리고, 너무 덜 익힌 상태에서 이쑤시개를 빼면 미나리가 서로 떨어져 버리므로 익히는 정도가 매우 중요하다.

은행 은행나무 열매의 속살을 볶아 속껍질을 벗기면 에메랄드빛 보석 같은 은행알이 나온다. 그 자체로도 구수한 맛을 가지고 있어 술안주나 간식거리로 많이 사용하지만 선명하고도 고급스러운 색상과 모양 때문에 고급 찜 요리 위에 고명으로 자주 얹는다.

통잣, 비늘잣, 잣가루 잣은 기름이 매우 많은 견과류로 종이 위에 얹어 다져야 기름이 종이에 흡수되어 보송보송한 잣가루를 만들 수 있다. 작고 암전한 생김새 때문에 통잣을 통째로 얹어서도 자주 쓰며, 반으로 갈라 놓으면 그 모양이 물고기 비늘처럼 생겼다고 해서 비늘잣이란 이름으로 쓰기도 하고, 곱게 가루를 내어 잣가루로 만들어 여러 음식에 다양하게 얹기도 한다.

석이버섯 바위에 붙어 사는 버섯으로 돌 석(石), 귀 이(耳) 자를 쓴다. 마치 생김새가 사람의 귀와 비슷하다고 해서 붙여진 이름이다. 채취하는 일도 어렵지만 모래와 이끼를 긁어 내고 얇게 말아 머리카락처럼 채를 써는 까다로운 손질 과정은 석이버섯의 품격을 한결 높이며, 선명한 검은색이라 음식 위에 많은 양을 얹지 않아도 쉽게 눈에 띈다. 다른 버섯에 비해 향은 강하지 않으나 쫄깃한 질감이 있다.

실고추 말린 고추를 반으로 갈라 씨를 털어 내고 젖은 면포로 싸 두었다가 부드러워진 후 곱게 채를 썰어 놓은 것으로 맛을 내는 데보다는 주로 고명으로 사용한다. 너무 길게 사용하거나 지나치게 많은 양을 사용하면 사용하지 않은 것만 못하므로 적당한 길이로 잘라 필요한 양만 사용하도록 한다.

대파채, 실파채 대파의 연한 푸른 부분을 3~4cm 정도 크기로 토막 낸 후 반 갈라 속의 심을 빼고 미끌거리는 얇은 막을 제거하여 실처럼 가늘게 채 썰어 찬물에 담갔다 건지면 꼬불꼬불하게 살아나 자연스러운 모양이 된다. 실파는 푸른 잎 부분을 1~2cm 길이로 얇고 어슷하게 썰어 물에 잠깐 담갔다가 건져 사용한다. 둘 다 굵기가 너무 굵으면 지저분해 보이며, 얇고 일정하게 썰수록 음식 위에 얹었을 때 훨씬 가치 있어 보인다.

풋고추, 홍고추 매우 선명한 청색과 홍색을 띠고 있으며 주로 어슷하게 썬 후 물에 헹궈 속의 씨를 빼내고 음식에 같이 넣거나 예쁜 색 때문에 음식의 윗부분을 장식해 주는 고명으로 자주 사용한다. 익혀서 올릴 때는 지나치게 오래 익혀서 열 때문에 색이 변하지 않도록 하는 것이 좋다.

대추채 마른 대추를 물기 없는 면포로 깨끗이 닦은 후 씨 부분을 중심으로 돌려 깎은 다음 속의 도톰한 살 부분을 살짝 저며 내고 가늘게 채를 썬 것으로 보쌈김치의 고명 또는 한과의 고명으로 주로 사용한다.

참깨 나물을 무치거나 다 된 음식 위에 흔히 뿌리는 것이 참깨이다. 양념으로서 고소한 맛을 내기도 하지만 먹음직스럽게 보이도록 하기 위해 뿌리면 더욱 풍성한 느낌을 준다. 하지만 너무 많은 양을 사용하면 오히려 음식이 지저분해지고 격이 떨어져 보이므로 사용하는 양에 유의한다.

쑥갓잎 겉의 억센 잎보다는 속의 연한 잎이 색도 고울 뿐 아니라 촘촘한 모양새가 더 고급스럽다. 화전은 꽃잎을 뜯어서 고명 장식을 하는 것이 원칙이지만 한식 조리 기능사 시험에서는 대추와 쑥갓잎을 사용하여 꽃 모양으로 고명을 얹는다.

7. 한국 음식에 주로 사용하는 재료

(1) 수조육류 및 난류

① 소고기

한국 음식에서 가장 많이 사용하는 육류로서 특히 한국 사람들은 버릴 것이 없을 만큼 거의 모든 부위를 요리에 사용한다. 부위에 따라 조리하는 방법이 다르며 주로 소의 상반신 부위에 속하는 등심, 안심 등은 지방이 많고 결합 조직이 적어 연하므로 구이 등의 건열 조리에 사용하며 양지머리, 사태 등 하반신 부위는 운동을 많이 하여 결합 조직이 많으므로 탕, 찜 등의 습열 조리에 사용하는 것이 좋다.

그 외에 가장 많은 부위를 차지하는 우둔살과 설도 부분은 기름기가 적고 반듯한 결을 가지고 있어 육회, 장조림, 육포 등 다양한 요리에 사용한다. 고기 색이 선명한 붉은색을 띠고 지방 부분은 희고 윤기가 있으며 육질에 탄력이 있는 것이 좋다.

② 돼지고기

돼지고기는 비타민 B1의 함유량이 높으며 이는 탄수화물이 에너지로 전환될 수 있도록 해 주는 주요 영양소이므로 밥을 주식으로 하는 한국 사람에게는 매우 좋은 영양 공급원이라고 할 수 있다. 특유의 누린내는 파, 마늘, 생강, 청주 등 향이 강한 양념을 적절히 사용하면 효과적으로 제거할 수 있다. 연한 분홍빛 살색을 띠며 지방은 희고 깨끗한 것이 좋은 품질이다.

③ 닭고기

지방의 함유량이 낮고 살이 연하며 다른 육류에 비해 가격이 저렴하므로 식탁에 자주 오르는 닭고기는 특히 소고기나 돼지고기에 비하여 단백가가 우수하여 매우 경제적인 단백질 공급원이라고 할 수 있다. 무게에 따라 400~600g의 영계는 삼계탕용으로 사용하며 800~1,200g의 중닭은 다양한 요리에 두루 사용한다. 1.5kg 이상의 것은 살이 비교적 질기고 퍽퍽하며 누린내가 많이 나므로 부위별로 절단하여 판매하거나 곰탕용으로 사용한다.

④ 달걀

최고의 단백가(100)를 지닌 달걀은 완전 단백질 식품 중에서도 가장 우수한 단백질을 지니고 있다. 조리에 따라 변화하는 특성 때문에 거의 모든 종류의 요리에 다양하게 사용한다. 겉껍데기가 까칠까칠하며 깼을 때 흰자의 점성(농후난백)이 높으며 노른자가 퍼지지 않을수록 신선한 달걀이다.

(2) 수산물

3면이 바다인 한국은 다양한 종류의 수산물이 생산되며 이를 재료로 한 가공품들도 매우 많다. 육색에 따라 붉은 살 어류와 흰 살 어류로 나뉘며 붉은 살 어류에는 고등어, 정어리, 가다랑어, 꽁치 등이 있으며 고도의 불포화 지방산을 함유하고 있다. 신선한 것은 그대로 구워도 지방이 용해되어 구수한 맛이 나며, 비린내를 제거하기 위하여 향이 강한 양념을 사용하여 조리한다. 흰 살 어류로는 도미, 광어, 가자미, 대구, 명태 등이 있으며 비린내가 적어 깔끔한 맛이 나고 살이 차지다. 그 외에 오징어, 낙지, 문어 등의 연체류와 새우, 가재, 게 등의 갑각류, 바지락, 모시조개, 대합 등의 조개류 등이 있어 다양하게 사용한다. 또한 김, 미역, 다시마, 파래, 청각, 우뭇가사리 등의 해조류는 섬유질과 각종 무기질이 매우 많으며 맛과 향이 좋아 한국 사람들이 애용하는 식품이다.

(3) 채소류 및 버섯류

채소류는 비타민과 무기질, 섬유소를 풍부히 함유하고 있으며 이는 에너지 대사에 매우 중요한 역할을 한다. 사용하는 부위에 따라 줄기와 잎을 사용하는 배추, 상추, 시금치, 깻잎, 미나리 등의 경엽채류, 뿌리 부분을 사용하는 연근, 우엉, 무, 당근 등의 근채류, 열매를 사용하는 가지, 고추, 오이, 호박 등의 과채류, 꽃 부분을 식용하는 브로콜리, 콜리플라워 등의 화채류 등이 있다. 신선한 그대로 먹는 것이 좋으나 예전에는 계절에 따라 구하기 어려웠던 채소들은 말리거나 소금에 절여 장아찌, 김치로 담가서 먹는 등 다양한 가공법이 발달했다.

버섯류 또한 한국 음식에서 빠질 수 없는 중요한 식재료로 싱싱한 생버섯도 향이 좋지만 말린 버섯은 말리는 과정에서 프로비타민 D가 생성되어 특유의 향이 깊어진다. 독특한 질감과 향뿐 아니라 섬유질과 비타민, 무기질이 풍부하고 콜레스테롤의 수치를 낮춰 주는 역할을 하므로 건강상으로도 매우 이로운 식품이라고 할 수 있다.

(4) 곡류 및 두류

쌀, 보리, 밀, 수수 등의 곡류는 75% 정도가 탄수화물로 전 세계의 주요 에너지원으로 이용된다. 한국에서는 쌀을 미곡으로, 보리·밀·호밀·귀리를 맥류로, 조·피·기장·수수·옥수수·메밀을 잡곡으로 분류하고 있다. 대부분 도정을 거쳐 그대로 또는 가루로 만들어 사용하며 주식으로 또는 다양한 가공품으로 만들고 산업에도 많이 사용한다.

두류에는 콩, 팥, 녹두, 완두, 강낭콩, 땅콩 등이 있으며 일반적으로 콩은 대두를 의미한다. 대두는 단백질 함유량이 높아 된장, 간장, 두부 등 단백질의 변성을 이용한 가공품들을 만들어 낸다. 또한 팥, 녹두, 완두, 강낭콩 등은 전분질이 많아 앙금으로 사용하는 경우가 많다. 콩 자체는 조직이 매우 단단하고 소화되기 어려운 성분이 함유되어 있으므로 적당한 가공 과정을 거쳐 사용하는 경우가 많다.

(5) 유지류

참기름, 콩기름, 면실유, 옥수수기름, 올리브기름 등의 식물성 유지와 소기름(우지), 돼지기름(라드), 버터 등의 동물성 지질, 마가린, 쇼트닝 등의 가공 유지 등이 있다. 공기, 금속, 자외선, 수분, 열, 이물질 등에 쉽게 산패되므로 보관에 특히 유의한다.

8. 한국 음식의 기본 썰기 용어

 반달썰기
통으로 사용하기에 너무 큰 재료를 길이로 반을 갈라 둥근 모양을 살려 가며 써는 방법으로 썬 단면이 반달 모양이 되도록 한다.

 은행잎썰기
반달썰기한 것을 한 번 더 썰거나 둥근 재료를 길이로 4등분한 후 써는 방법으로 표고버섯처럼 얇고 둥근 것은 4등분하여 썰면 그대로 은행잎 모양이 된다.

 어슷썰기
오이, 파, 고추 등 가늘고 길쭉한 재료를 도마 위에 놓고 칼을 사선으로 향하여 옆으로 엇비슷하게 써는 방법이다.

 둥글썰기 (통째썰기)
모양이 둥글고 긴 오이, 당근, 연근 등을 통째로 써는 방법이며, 두께는 재료의 질감과 용도에 따라 다르게 조절한다.

 나박썰기
재료를 가로세로 같은 길이로 다듬은 후 정사각형이 되도록 얇게 써는 방법이다.

 골패썰기
중국 사람들이 오락으로 즐기는 도박 게임에서 사용하는 뼈로 깎아 만든 패를 골패라고 하는데, 이 골패처럼 직사각형으로 길고 얇게 썬 형태를 말한다. 신선로 위에 올리는 오색 고명이 골패 모양으로 썬 것이다.

 마름모썰기
주로 달걀지단을 고명으로 사용할 때 다이아몬드 모양으로 써는 방법으로 2cm 정도 폭으로 길게 썬 후 칼을 사선으로 하여 썰어 4면의 길이가 같고 서로 마주 보는 두 꼭짓점의 각도가 같도록 정확하게 썰어야 한다.

 돌려깎기
오이, 호박 등은 속에 무른 씨가 있으므로 이를 제거하고 채를 썰기 위해서는 칼의 날과 옆면을 이용하여 속의 씨가 나올 때까지 여러 겹으로 돌려 깎아 준다.

 채썰기
재료를 얇게 저며 썬 후 가지런히 모아 놓고 가늘고 길게 썬 것으로 젓가락을 주로 사용하는 한국 음식에 가장 많이 등장하는 썰기 방법이다.

 다지기
곱게 채 썬 재료를 가지런히 모아 직각으로 잘게 써는 방법으로 파, 마늘, 생강 등 주로 양념을 만드는 데 사용한다.

1. 기본 썰기

● 무

❶ 세로 방향으로 길이를 맞춰 등분한다.　❷ 납작하게 편으로 썬다.　❸ 가지런히 모아 채를 썬다.

● 오이

❶ 오이의 가시를 도려낸다.　❷ 껍질을 돌려 깎는다.　❸ 결 방향으로 채를 썬다.

● 표고버섯

❶ 불린 버섯의 기둥을 자른다.　❷ 버섯을 얇게 저민다.　❸ 켜켜로 모아 놓고 채를 썬다.

2. 생선 및 고기 손질

● 동태

❶ 꼬리에서 머리 방향으로 비늘을 긁어낸다.

❷ 머리를 잘라 낸 후 배에 길게 칼집을 넣는다.

❸ 내장을 빼낸다.

❹ 등 쪽에서 포를 뜬다.

❺ 꼬리에서 머리 방향으로 껍질을 벗긴다.

❻ 잔가시를 제거한다.

● 코다리

❶ 머리를 잘라 낸다.

❷ 지느러미를 잘라 낸다.

❸ 배 부분에 칼집을 넣어 살을 펼친다.

❹ 가운데 뼈를 발라낸다.

❺ 잔가시를 제거한다.

❻ 규격에 맞게 등분한다.

❶ 다리 윗부분을 잡아당겨 내장을 빼
  낸다.

❷ 몸통에 길게 칼집을 넣어 반으로 가
  른다.

❸ 면포를 사용하여 껍질을 벗긴다.

❹ 눈과 입을 제거한다.

❺ 다리 껍질을 손끝으로 긁어 가며 벗
  긴다.

❻ 내장이 있던 안쪽 살에 대각선으로
  칼집을 넣는다.

● 조기

❶ 꼬리에서 머리 방향으로 비늘을 긁
  어낸다.

❷ 가위로 아가미를 잘라 낸다.

❸ 아가미 안쪽에 젓가락을 넣어 내장
  을 감아올려 뺀다.

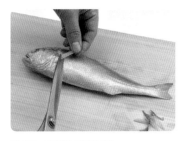

❹ 지느러미를 제거한다.

❺ 살 양쪽에 칼집을 넣는다.

❻ 소금을 뿌려 키친타월로 돌돌 말아
  놓는다.

● 고기

❶ 고기를 저미고 크기가 작은 것은 양 옆으로 펼친다.

❷ 칼등으로 고기를 자근자근 두드린다.

❸ 칼의 앞쪽으로 잔칼집을 넣는다.

3. 고명 준비

● 달걀지단

❶ 달걀을 흰자와 노른자로 나눈다.

❷ 노른자 양 끝에 붙어 있는 알끈을 제거한다.

❸ 소금을 조금 넣어 젓가락으로 충분히 풀어 준다.

❹ 표면에 떠오른 거품을 걷어 낸다.

❺ 약한 불로 살짝 달군 팬에 기름을 살짝 발라 닦아 낸 후 달걀을 살며시 붓는다.

❻ 달걀이 익으면 젓가락으로 들어올려 뒤집어 익힌다.

● 은행

❶ 달군 팬에 기름을 살짝 두르고 은행을 속껍질째 볶는다.

❷ 은행의 속껍질이 저절로 터질 때쯤 소금으로 간을 한다.

❸ 키친타월 위에 놓고 비벼 가며 속껍질을 벗긴다.

❶ 미나리의 잎과 잔털을 없애고 줄기 부분을 적당한 길이로 썬다.

❷ 미나리 줄기 양 끝에 이쑤시개를 나란히 꽂는다.

❸ 미나리 한쪽 면에 밀가루를 고루 묻힌다.

❹ 달걀흰자를 앞뒤로 흠뻑 묻힌 후 손으로 살짝 훑어 낸다.

❺ 낮은 온도의 팬에서 달걀이 익을 정도로 지진다.

❻ 완전히 식은 후 이쑤시개를 살살 돌려 뺀다.

● 잣

❶ 잣의 뾰족한 끝부분의 고깔을 벗긴다.

❷ 종이 위에 잣을 놓고 밀대로 밀어 기름을 제거한다.

❸ 칼날로 곱게 다진다.

● 석이버섯

❶ 따뜻한 물에 불린 석이버섯 안쪽에 소금을 묻혀 양손으로 비벼 씻어 이끼를 제거한다.

❷ 석이버섯 가운데에 있는 기둥을 떼고 돌돌 만다.

❸ 버섯이 풀리지 않도록 손끝으로 눌러 가며 채를 썬다.

4. 양념 준비

● 대파

❶ 대파의 흰 부분을 세로로 반을 가르고 심을 빼낸다.

❷ 세로 방향으로 곱게 채를 썬다.

❸ 채 썬 대파를 가지런히 모아 반대 방향으로 잘게 썰어 다진다.

● 마늘

❶ 마늘의 모양을 살려 얇게 편으로 썬다.

❷ 마늘편을 가지런히 모아 채를 썬다.

❸ 채 썬 마늘을 모아 반대 방향으로 잘게 썰어 다진다.

● 생강

❶ 생강 껍질을 긁어낸 후 칼등으로 으깬다.

❷ 으깬 생강을 면포에 감싼다.

❸ 물을 약간씩 묻혀 가며 손으로 꾹 짜서 즙을 낸다.

● 겨자초장

❶ 겨자가루를 온수(40℃)에 부드럽게 갠다.

❷ 끓는 냄비의 뚜껑 위 등 따뜻한 곳에 놓아 매운맛이 우러나도록 한다.

❸ 소금, 설탕 등 입자 있는 양념을 먼저 넣고 녹인 후 나머지 양념을 한다.

한식 조리 기능사 실기 시험 공통 사항

- 만드는 순서에 유의하며, 위생과 숙련된 기능 평가를 위하여 조리 작업 시 맛을 보지 않는다.
- 지정된 수험자 지참 준비물 이외의 조리기구나 재료를 시험장 내에 지참할 수 없다.
- 지급 재료는 시험 전 확인하여 이상이 있을 경우 시험위원으로부터 조치를 받고 시험 중에는 재료의 교환 및 추가 지급은 하지 않는다.
- 요구 사항의 규격은 "정도"의 의미를 포함하며, 지급된 **재료의 크기에 따라 가감하여 채점**한다.
- 위생복, 위생모, 앞치마, 마스크를 착용하여야 하며, 시험장비·조리기구 취급 등 안전에 유의한다.
- 다음 사항은 **실격**에 해당하여 **채점 대상에서 제외**된다.
  - (가) 수험자 본인이 시험 중 시험에 대한 포기 의사를 표현하는 경우
  - (나) 위생복, 위생모, 앞치마, 마스크를 착용하지 않은 경우
  - (다) 시험 시간 내에 과제 두 가지를 제출하지 못한 경우
  - (라) 문제의 요구 사항대로 과제의 수량이 만들어지지 않은 경우
  - (마) 완성품을 요구 사항의 과제(요리)가 아닌 다른 요리(예 달걀말이 → 달걀찜)로 만든 경우
  - (바) 불을 사용하여 만든 조리 작품이 작품의 특성에 벗어나는 정도로 타거나 익지 않은 경우
  - (사) 해당 과제의 지급 재료 이외의 재료를 사용하거나, 요구 사항의 조리기구(석쇠 등)로 완성품을 조리하지 않은 경우
  - (아) 지정된 수험자 지참 준비물 이외의 조리기술에 영향을 줄 수 있는 기구를 사용한 경우
  - (자) 가스레인지 화구 **2개 이상(2개 포함)** 사용한 경우
  - (차) 시험 중 시설·장비(칼, 가스레인지 등) 사용 시 시험위원 및 타수험자의 시험 진행에 위해를 일으킬 것으로 시험위원 전원이 합의하여 판단한 경우
  - (카) 요구 사항에 표시된 **실격 및 부정행위**에 해당하는 경우
- 항목별 배점은 위생 상태 및 안전 관리 5점, 조리 기술 30점, 작품의 평가 15점이다.
- 시험 시작 전 가벼운 몸 풀기(스트레칭) 동작으로 긴장을 풀고 시험을 시작한다.

한식
조리 기능사
출제 메뉴

- 조리의 기초
- 밥 · 죽 · 면류
- 국 · 찌개 · 전골류
- 구이 · 조림류
- 적 · 전 · 튀김류
- 볶음 · 마른반찬류
- 나물(생채 · 숙채)류
- 회 · 냉채류
- 김치류

재료 썰기

⏱ 25분

**요구
사항**

주어진 재료를 사용하여 다음과 같이 재료 썰기를 하시오.

1. 무, 오이, 당근, 달걀지단을 썰기하여 **전량** 제출하시오(단, 재료별 써는 방법이 틀렸을 경우 실격이다).

2. 무는 **채 썰기**, 오이는 **돌려깎기**하여 **채 썰기**, 당근은 **골패 썰기**를 하시오.

3. 달걀은 흰자와 노른자를 분리하여 알끈과 거품을 제거하고 지단을 부쳐 **완자**(마름모) 모양으로 각 10개를 썰고, 나머지는 **채 썰기**를 하시오.

4. 재료 썰기의 크기는 다음과 같이 하시오.
   - 채 썰기 – 0.2×0.2×5cm
   - 골패 썰기 – 0.2×1.5×5cm
   - 마름모형 썰기 – 한 면의 길이가 1.5cm

지급 재료

무 100g, **오이**(길이 25cm) 1/2개, **당근**(길이 6cm) 1토막, **달걀** 3개, **식용유** 20mL, **소금** 10g

만드는 법

1. 무는 깨끗이 씻어 물기를 닦고 겉껍질을 깎아놓는다.

2. 오이는 소금으로 주물러 깨끗이 씻은 후 오이 가시를 도려낸다.

3. 당근은 씻어서 겉껍질을 깎아놓는다.

4. 달걀은 흰자와 노른자로 나눠 알끈을 제거하고 소금을 약간 넣어 잘 풀어 놓는다.

5. 무는 결 방향으로 5cm 길이를 맞춰 썬 후 0.2cm 두께로 얇게 저며 가지런히 놓은 다음, 0.2cm 두께로 채를 썬다(**40쪽 참고**).

6. 오이는 5cm 길이로 썬 후 0.2cm 두께로 돌려깎은 다음 결 방향에 맞춰 0.2cm 두께로 채를 썬다(**40쪽 참고**).

7. 당근은 결 방향으로 5cm 길이를 맞춰 썬 후, 폭 1.5cm로 0.2cm 두께에 맞춰 썰어 골패형으로 준비한다(**39쪽 참고**).

8. 달걀은 거품을 걷어내고 팬을 살짝 달궈 식용유를 두른 후, 키친타월을 사용하여 팬에 남은 기름기를 닦아내고 약한 온도에서 매끈하게 황백지단을 부친다(**43쪽 참고**).

9. 지단이 식으면 각각 폭 1.2cm 정도로 길게 썬 후, 각도를 맞춰 한 면의 길이가 1.5cm가 되도록 사선으로 썰어 완자(마름모) 모양이 되도록 10개씩 준비한다.

10. 남은 지단은 6cm 길이로 잘라 0.2cm 두께로 채를 썬 후, 흰자와 노른자를 나란히 모아 놓고 양 끝의 흐트러진 부분을 잘라 5cm 길이로 만든다.

11. 각각의 규격에 맞게 준비한 작품을 한 접시에 보기 좋게 가지런히 담아낸다.

▲ 오이는 돌려깎아 채 썬다.

▲ 당근은 골패형으로 썬다.

▲ 달걀지단은 완자(마름모) 모양으로 썬다.

정보

• 달걀지단을 채 썰 때는 주어진 길이보다 1cm 정도 길게 채 썬 후 흐트러진 양 끝을 잘라 가지런히 정돈한다.

• 만드는 법에 표시된 참조 페이지를 보면 자료 사진과 설명을 통해 좀 더 쉽게 알 수 있다.

비빔밥

⏱ 50분

 요구사항

주어진 재료를 사용하여 다음과 같이 비빔밥을 만드시오.

1. 채소, 소고기, 황 · 백지단의 크기는 0.3×0.3×5cm로 써시오.
2. 호박은 돌려깎기하여 0.3×0.3×5cm로 써시오.
3. 청포묵의 크기는 0.5×0.5×5cm로 써시오.
4. 소고기는 고추장볶음과 고명에 사용하시오.
5. 담은 밥 위에 준비된 재료들을 색 맞추어 돌려 담으시오.
6. 볶은 고추장은 완성된 밥 위에 얹어 내시오.

 유의사항

1. 밥은 질지 않게 짓는다.
   ※ 나머지 유의 사항은 46쪽 공통 사항 참고

지급 재료 쌀(30분 정도 물에 불린 쌀) 150g, **애호박**(중, 길이 6cm) 60g, **도라지**(찢은 것) 20g, **고사리**(불린 것) 30g, **청포묵**(중, 길이 6cm) 40g, **소고기**(살코기) 30g, **달걀** 1개, **건다시마**(5×5cm) 1장, **고추장** 40g, **식용유** 30mL, **대파**(흰 부분, 4cm) 1토막, **마늘**(중, 깐 것) 2쪽, **진간장** 15mL, **흰설탕** 15g, **깨소금** 5g, **검은 후춧가루** 1g, **참기름** 5mL, **소금**(정제염) 10g

[소고기·고사리 양념장] 진간장 1작은술, 흰설탕 1/2작은술, 다진 대파·다진 마늘·깨소금·검은 후춧가루·참기름 약간씩
[고추장볶음] 다진 소고기 10g, 고추장 1큰술, 흰설탕 1/2작은술, 다진 마늘 1/2작은술, 참기름 1/2작은술, 물 1큰술

만드는 법

1. 불린 쌀에 동량의 물을 부어 질지 않게 밥을 짓는다.

2. 도라지는 소금을 넣고 주물러 쓴맛을 제거한다.

3. 소고기는 핏물을 제거하고 2/3분량은 길이 5cm, 두께 0.3cm로 채를 썰어 고명용으로 준비하고, 나머지는 곱게 다져 고추장볶음용으로 준비한다. 고사리는 5cm 길이로 썬다.

4. 대파와 마늘은 곱게 다진다.

5. 분량의 진간장, 흰설탕, 다진 대파, 다진 마늘, 깨소금, 검은 후춧가루, 참기름을 잘 섞어 양념장을 만든 후 절반은 채 썬 소고기에, 절반은 고사리에 넣고 밑간을 한다.

6. 청포묵은 길이 5cm, 두께 0.5cm로 채를 썬다.

7. 애호박은 돌려깎기하여 길이 5cm, 두께 0.3cm로 채를 썬 후 소금에 살짝 절여 물기를 꼭 짜 놓는다.

8. 끓는 물에 도라지와 청포묵을 살짝 데친 후 도라지는 잘게 찢고, 청포묵은 소금과 참기름으로 밑간을 한다.

9. 달걀은 황백으로 나누어 소금을 약간 넣고 풀어 거품을 걷어 낸 후 팬에 식용유를 두르고 달걀지단을 부쳐 낸다(43쪽 참고).

10. 팬에 식용유를 넉넉히 둘러 건다시마를 튀겨 낸다. 튀긴 다시마는 흰설탕을 약간 뿌리고 식은 후 잘게 부숴 놓는다.

11. 팬에 식용유를 두르고 애호박, 도라지, 고사리, 소고기 순서로 각각 볶아 낸다.

12. 다진 소고기를 볶다가 고추장을 넣어 같이 볶는다. 여기에 흰설탕, 다진 마늘, 참기름, 물을 넣고 조려 고추장볶음을 만든다.

13. 윗면이 약간 평평하도록 밥을 그릇에 담은 후 다시마, 도라지, 고사리, 청포묵, 애호박, 소고기를 소복하게 모아 담고 고추장볶음도 한쪽에 얹는다.

14. 황·백지단을 길이 5cm, 두께 0.3cm로 채 썰어 중심에 얹는다.

▲ 재료를 각각 규격에 맞게 손질한다.

▲ 건다시마를 기름에 튀겨 낸다.

▲ 고추장볶음을 볶는다.

정보

- 불을 많이 사용하는 작품이므로 불 사용 순서에 따라 순서를 진행하는 것이 시간 내에 완성할 수 있는 중요한 포인트이다.
- 쌀이 1인분의 양이므로 중간 불에서 밥을 짓다가 약한 불로 뜸 들이듯 밥을 지어 타거나 눌지 않도록 한다.

콩나물밥

⏱ 30분

 주어진 재료를 사용하여 다음과 같이 콩나물밥을 만드시오.

요구
사항

1. 콩나물은 꼬리를 다듬고, 소고기는 채 썰어 **간장 양념**을 하시오.
2. 밥을 지어 **전량** 제출하시오.

 유의
사항

1. 콩나물 손질 시 폐기량이 많지 않도록 한다.
2. 소고기는 굵기와 크기에 유의한다.
3. 밥물 및 불 조절과 완성된 밥의 상태에 유의한다.

※ 나머지 유의 사항은 46쪽 공통 사항 참고

지급
재료 **쌀**(30분 정도 물에 불린 쌀) 150g, **콩나물** 60g, **소고기**(살코기) 30g, **대파**(흰 부분, 4cm) 1/2토막, **마늘**(중, 깐 것) 1쪽, **진간장** 5mL, **참기름** 5mL

[소고기 양념] 진간장 1/2작은술, 다진 대파 1/2작은술, 다진 마늘 1/4작은술, 참기름 1작은술

만드는 법

1. 불린 쌀은 물에 한 번 헹궈 물기를 빼놓는다.

2. 콩나물은 씻어 꼬리를 다듬은 후 젖은 면포로 감싸 둔다.

3. 대파와 마늘은 곱게 다진다.

4. 소고기는 핏물을 제거하고 5cm 길이로 채를 썬 후 분량의 소고기 양념을 넣어 양념한다.

5. 냄비 바닥에 콩나물을 깔고 쌀을 얹은 후 그 위에 양념한 소고기를 얹는다.

6. 5에 불린 쌀과 동량의 물을 붓고 중간 불로 밥을 짓는다.

7. 밥물이 끓으면 약한 불로 줄이고 김이 잦아들기 시작하면 5분 정도 뜸을 들인다.

8. 밥이 뜸 들면 콩나물과 소고기, 밥을 고루 섞어 그릇에 소복하게 담아낸다.

▲ 콩나물 꼬리를 잘라 다듬는다.

▲ 냄비 바닥에 콩나물을 깔아 놓는다.

▲ 쌀과 소고기를 얹은 후 물을 붓고 밥을 짓는다.

정보

• 1인분의 적은 양이라서 화력이 세면 쉽게 눌어 타기 쉬우므로 처음부터 중간 불로 시작하여 밥을 짓는 것이 안전하다.

• 소고기의 간을 너무 세게 하면 밥의 색이 전체적으로 갈색으로 물들게 되므로 간장의 양을 적당히 조절하는 것이 좋다.

장국죽

⏱ **30분**

 요구 사항

주어진 재료를 사용하여 다음과 같이 장국죽을 만드시오.

1. 불린 쌀을 반 정도로 싸라기를 만들어 죽을 쑤시오.
2. 소고기는 다지고, 불린 표고는 3cm의 길이로 채 써시오.

 유의 사항

1. 쌀과 국물이 잘 어우러지도록 죽을 쑨다.
2. 간을 맞추는 시기에 유의한다.

   ※ 나머지 유의 사항은 46쪽 공통 사항 참고

지급재료 **쌀**(30분 정도 물에 불린 쌀) 100g, **소고기**(살코기) 20g, **건표고버섯**(지름 5cm, 물에 불린 것, 부서지지 않은 것) 1개, **대파**(흰 부분, 4cm) 1토막, **마늘**(중, 깐 것) 1쪽, **진간장** 10mL, **국간장** 10mL, **깨소금** 5g, **검은 후춧가루** 1g, **참기름** 10mL

[소고기 · 표고버섯 양념장] 진간장 1작은술, 다진 대파 1/2작은술, 다진 마늘 1/4작은술, 깨소금 1/3작은술, 검은 후춧가루 약간, 참기름 1/2작은술

만드는 법

1. 불린 쌀은 물에 한 번 헹궈 체에 밭쳐 물기를 뺀 후 넓은 그릇에 담아 방망이로 쌀 알갱이가 반 정도로 부서지게 빻아 놓는다.

2. 소고기는 핏물을 제거하고 곱게 다진다.

3. 물에 불린 건표고버섯은 기둥을 잘라 내고 물기를 제거한 후 얇게 저며 3cm 길이로 가늘게 채를 썬다(**40쪽 참고**).

4. 대파와 마늘은 곱게 다진다.

5. 분량의 진간장, 다진 대파, 다진 마늘, 깨소금, 검은 후춧가루, 참기름을 잘 섞어 양념장을 만든 후 절반은 다진 소고기에, 절반은 채 썬 표고버섯에 넣고 양념을 한다.

6. 냄비를 달궈 참기름을 두르고 양념한 소고기를 볶는다.

7. 6에 양념한 표고버섯을 넣어 같이 볶다가 빻아 놓은 쌀을 넣고 쌀알이 참기름을 흡수할 정도로 볶는다.

8. 7에 쌀의 6배 분량의 물을 붓고 눋지 않도록 가끔씩 저어 가며 끓인다.

9. 쌀이 충분히 퍼지고 적당한 농도가 나면 국간장과 소금으로 간을 하여 마무리한 후 그릇에 담아낸다.

▲ 쌀을 반 정도 부서지도록 빻는다.

▲ 소고기와 표고버섯을 볶다가 쌀을 같이 넣고 볶는다.

▲ 마지막에 국간장과 소금으로 간을 한다.

완자탕

⏱ 30분

 요구 사항

주어진 재료를 사용하여 다음과 같이 완자탕을 만드시오.

1. 완자는 지름 3cm로 6개를 만들고, 국 국물의 양은 200mL 이상 제출하시오.

2. 달걀은 **지단과 완자용**으로 사용하시오.

3. **고명**으로 황·백지단(마름모꼴)을 각 **2개씩** 띄우시오.

 유의 사항

1. 고기 부위의 사용 용도에 유의한다.

2. 육수 국물을 맑게 처리하여 양에 유의한다.

▨ 나머지 유의 사항은 46쪽 공통 사항 참고

지급 재료 **소고기**(살코기) 50g, **소고기**(사태 부위) 20g, **달걀** 1개, **대파**(흰 부분, 4cm) 1/2토막, **밀가루**(중력분) 10g, **마늘**(중, 깐 것) 2쪽, **식용유** 20mL, **소금**(정제염) 10g, **검은 후춧가루** 2g, **두부** 15g, **키친타월**(종이, 주방용, 소 18×20cm) 1장, **국간장** 5mL, **참기름** 5mL, **깨소금** 5g, **흰설탕** 5g

[소고기 육수] 소고기 사태 20g, 대파 1/2토막, 마늘 1쪽, 물 3컵

[완자 양념] 다진 마늘 · 참기름 1/2작은술씩, 소금 · 깨소금 1/4작은술씩, 다진 대파 · 검은 후춧가루 · 흰설탕 약간씩

만드는 법

1. 소고기 사태는 핏물을 제거하고 대파 1/2토막, 마늘 1쪽과 함께 찬물에 넣고 삶은 후 면포에 걸러 육수를 만든다. 나머지 대파와 마늘은 곱게 다져 놓는다.

2. 달걀은 황백으로 나눠 소금을 넣고 풀어 거품을 걷어 낸 후 각각 절반은 덜어 완자용으로 잘 섞어 놓고, 나머지 절반은 섞지 않고 지단용으로 준비한다.

3. 소고기 살코기는 핏물을 제거하여 곱게 다지고, 두부는 면포로 감싸 물기를 꼭 짜서 으깨 놓는다.

4. 3의 소고기와 두부를 한데 담고 완자 양념으로 양념하여 잘 치댄 후 지름 3cm 크기의 완자를 6개 빚어 놓는다.

5. 황백으로 나눠 둔 지단용 달걀은 팬에 식용유를 살짝 발라 닦아 낸 후 도톰하게 지단을 부쳐 마름모꼴로 썰어 놓는다.

6. 완자에 밀가루와 완자용 달걀을 묻혀 팬에 식용유를 두르고 굴려 가면서 절반 이상 익힌 후 키친타월에 올려 기름기를 뺀다.

7. 냄비에 소고기 육수를 담고 끓으면 완자를 넣어 떠오를 때까지 익힌 후 국간장과 소금으로 간을 한다.

8. 완자를 그릇에 담고 국물을 1컵(200mL) 이상 부은 후 황백 달걀지단 2개씩을 고명으로 띄워 낸다.

▲ 끓은 육수를 면포에 받쳐 거른다.

▲ 완자를 둥글게 빚는다.

▲ 달군 팬에 완자를 굴려 가며 익힌다.

정보

• 완자를 팬에서 충분히 익히고 육수에 넣고 너무 오래 끓이지 않아야 완자가 불지 않으며 모양을 보기 좋게 완성시킬 수 있다.

• 손에 힘을 주어 반죽을 충분히 치대어 매끄러운 모양의 완자를 빚도록 한다.

두부젓국찌개

⏱ 20분

**요구
사항**

주어진 재료를 사용하여 다음과 같이 두부젓국찌개를 만드시오.

1. 두부는 2×3×1cm로 써시오.
2. 홍고추는 0.5×3cm, 실파는 3cm 길이로 써시오.
3. 소금과 다진 새우젓의 국물로 간하고, 국물을 맑게 만드시오.
4. 찌개의 국물은 200mL 이상 제출하시오.

**유의
사항**

1. 두부와 굴의 익는 정도에 유의한다.
▨ 나머지 유의 사항은 46쪽 공통 사항 참고

지급 재료 **두부** 100g, **생굴**(껍데기 벗긴 것) 30g, **실파**(1뿌리) 20g, **홍고추**(생) 1/2개, **새우젓** 10g, **마늘**(중, 깐 것) 1쪽, **참기름** 5mL, **소금**(정제염) 5g

만드는법

1. 생굴은 소금물로 살살 씻은 후 체에 밭쳐 물기를 빼놓는다.

2. 실파는 3cm 길이로 썬다.

3. 홍고추는 씨를 빼고 폭 0.5cm, 길이 3cm로 썬다.

4. 두부는 폭 2cm, 길이 3cm, 두께 1cm로 썬다.

5. 마늘은 곱게 다져 놓는다.

6. 새우젓은 곱게 다져 면포로 감싸 물기를 꼭 짜서 국물만 준비해 놓는다.

7. 냄비에 물 2컵을 넣고 끓으면 소금을 약간 넣은 후 두부를 넣는다.

8. 국물이 끓어오르면 **7**에 굴, 다진 마늘, 새우젓 국물을 넣고 끓이다가 거품을 걷어 낸다.

9. **8**에 홍고추, 실파 순서로 넣고 잠시 동안 더 끓이다가 불을 끈 후 그릇에 담고 참기름을 살짝 떨어뜨려 낸다.

▲ 재료를 규격에 맞게 썬다.

▲ 새우젓을 곱게 다져 면포에 짜서 국물을 준비한다.

▲ 다 끓은 찌개를 그릇에 담고 참기름을 띄운다.

정보

- 두부젓국찌개는 너무 오래 끓이면 국물이 탁해지고 비린내가 나며 두부가 불어 모양이 좋지 않게 되므로 모든 재료의 밑준비를 한 후 차례로 넣고 잠시 동안만 끓여 낸다.
- 건더기를 뺀 국물의 양을 200mL 이상 제출하지 않으면 실격되므로 그릇에 담을 때 건더기를 먼저 담은 후 국물 양을 계량컵으로 재서 부족하지 않도록 담는 것이 매우 중요하다.
- 완성한 상태에서 그릇에 담은 후 참기름을 띄우는 것이 참기름을 넣고 끓이는 것보다 깔끔하게 마무리된다.

생선찌개

⏱ 30분

 **요구
사항**

주어진 재료를 사용하여 다음과 같이 생선찌개를 만드시오.

1. 생선은 4~5cm의 토막으로 자르시오.
2. 무, 두부는 2.5×3.5×0.8cm로 써시오.
3. 호박은 0.5cm 반달형, 고추는 **통어슷썰기**, 쑥갓과 파는 4cm로 써시오.
4. 고추장, 고춧가루를 사용하여 만드시오.
5. 각 재료는 **익는 순서**에 따라 조리하고, **생선살이 부서지지 않도록** 하시오.
6. 생선 머리를 포함하여 **전량** 제출하시오.

 **유의
사항**

1. 각 재료의 익히는 순서를 고려하여 끓인다.
 ※ 나머지 유의 사항은 46쪽 공통 사항 참고

만드는 법

1. 쑥갓은 씻어 싱싱해지도록 찬물에 담가 준비한다.

2. 동태는 비늘을 긁고 아가미와 지느러미를 제거하고 내장을 손질한 후 잘 씻어 4~5cm 크기로 토막 낸다.

3. 무와 두부는 폭 2.5cm, 길이 3.5cm, 두께 0.8cm 크기로 썬다.

4. 애호박은 0.5cm 두께로 반달형으로 썬다(애호박이 클 경우에는 은행잎 모양으로 썬다).

5. 쑥갓과 실파는 4cm 길이로 썰고, 마늘과 생강은 곱게 다진다.

6. 풋고추와 홍고추는 0.5cm 두께로 통으로 어슷하게 썰어 물에 헹궈 씨를 뺀다.

7. 냄비에 물 2~2.5컵을 넣고 끓으면 고추장 1큰술을 풀어 넣고 무를 넣어 익힌다.

8. 무가 반쯤 익으면 생선을 넣어 2분 정도 끓이다가 애호박을 넣고 끓인다.

9. 애호박이 절반 정도 익으면 두부, 고춧가루 1작은술, 다진 마늘·다진 생강 약간씩을 넣고 소금으로 간을 한다.

10. 거품을 걷어 내며 끓이다가 맛이 우러나면 풋고추와 홍고추를 넣고 잠시 더 끓인다.

11. 마지막에 쑥갓과 실파를 넣고 한번 끓으면 바로 불을 끈다.

12. 생선과 나머지 부재료들이 어우러지도록 보기 좋게 그릇에 담아내고, 건더기의 반 정도가 잠길 만큼의 국물을 곁들여 낸다.

▲ 생선을 잘라 내장을 뺀다.

▲ 끓는 찌개 국물에 생선을 넣는다.

▲ 국자를 헹궈 가며 거품을 걷어 낸다.

정보

• 간, 알, 곤이 등 먹을 수 있는 생선 내장을 손질하여 같이 끓이면 국물 맛이 더욱 진해진다.

• 푸른색을 가진 부재료는 색이 변하지 않도록 익히는 시간을 조절한다.

너비아니구이

⏱ **25분**

**요구
사항**

주어진 재료를 사용하여 다음과 같이 너비아니구이를 만드시오.

1. 완성된 너비아니는 0.5×4×5cm로 하시오.

2. 석쇠를 사용하여 굽고, 6쪽 제출하시오.

3. 잣가루를 고명으로 얹으시오.

**유의
사항**

1. 고기가 연하도록 손질한다.

2. 구워진 정도와 모양과 색깔에 유의하여 굽는다.

▨ 나머지 유의 사항은 46쪽 공통 사항 참고

지급 재료	**소고기**(안심 또는 등심, 덩어리) 100g, **진간장** 50mL, **대파**(흰 부분, 4cm) 1토막, **마늘**(중, 깐 것) 2쪽, **검은 후춧가루** 2g,

흰설탕 10g, **깨소금** 5g, **참기름** 10mL, **배**(50g) 1/8개, **식용유** 10mL, **잣**(깐 것) 5개

[**소고기 양념장**] 진간장 · 배즙 · 다진 대파 1큰술씩, 흰설탕 · 깨소금 1/2작은술씩, 다진 마늘 · 참기름 1작은술씩, 검은 후춧가루 약간

만드는 법

1. 소고기는 키친타월로 감싸 핏물을 제거하고 결 반대 방향으로 두께 0.5cm, 길이 4cm, 폭 5cm로 썬다.

2. 1의 소고기는 칼등으로 자근자근 두드리고 칼날 끝을 이용하여 잔 칼집을 충분히 넣은 다음, 처음 썰었을 때보다 넓어진 고기의 가장자리를 반듯하게 정리하여 완성 시 크기(길이 4cm, 폭 5cm)보다 각각 1cm가량 크게 준비한다(익으면 크기가 1cm 정도 줄어든다).

▲ 고기를 칼등으로 자근자근 두드린다.

3. 대파와 마늘은 곱게 다진다.

4. 배는 강판에 갈거나 잘게 다진 후 면포로 감싸 꼭 짜서 즙만 준비해 둔다.

5. 분량의 양념들을 잘 섞어 소고기 양념장을 만든다.

6. 손질한 고기에 소고기 양념장을 골고루 발라 잰다.

▲ 배를 다져 면포에 감싸 즙을 짜낸다.

7. 석쇠를 뜨겁게 달궈 식용유를 살짝 바른 후 양념한 고기를 가지런히 올려 타지 않게 굽는다.

8. 고기 색이 갈색으로 변하면 다 익은 것이므로 마무리한다.

9. 다 익은 고기를 접시에 가지런히 담아낸다.

10. 잣은 고깔을 제거하여 키친타월에 올리고 밀대로 밀어 기름기를 제거한 후 곱게 다진다.

11. 잣가루를 완성된 너비아니구이 위에 고명으로 얹어 낸다.

▲ 달군 석쇠 위에 양념한 고기를 얹어 굽는다.

정보

- 고기는 너무 센 불에 구우면 타기 쉽고 너무 낮은 불에 구우면 수분이 말라 뻣뻣하고 윤기가 없어지므로 불 조절에 유의하여 굽도록 한다.
- 고기는 익으면 크기가 많이 줄어들므로 고기 손질 시 정해진 크기보다 1cm가량 크게 손질하는 것이 좋다.
- 완성품의 개수가 부족할 경우 실격 처리되므로 유의한다.

제육구이

⏱ 30분

**요구
사항**

주어진 재료를 사용하여 다음과 같이 제육구이를 만드시오.

1. 완성된 제육은 0.4×4×5cm로 하시오.

2. 고추장 양념하여 석쇠에 구우시오.

3. 제육구이는 **전량** 제출하시오.

**유의
사항**

1. 구워진 표면이 마르지 않도록 한다.

2. 구워진 고기의 모양과 색깔에 유의하여 굽는다.

▨ 나머지 유의 사항은 46쪽 공통 사항 참고

지급 재료 돼지고기(등심 또는 볼깃살) 150g, **고추장** 40g, **진간장** 10mL, **대파**(흰 부분, 4cm) 1토막, **마늘**(중, 간 것) 2쪽, **검은 후춧가루** 2g, **흰설탕** 15g, **깨소금** 5g, **참기름** 5mL, **생강** 10g, **식용유** 10mL

[고추장 양념] 고추장 · 다진 대파 1큰술씩, 흰설탕 1/2큰술, 진간장 · 다진 마늘 · 생강즙 · 참기름 1작은술씩, 깨소금 1/2작은술, 검은 후춧가루 · 물 약간씩

만드는 법

1. 돼지고기는 키친타월로 감싸 핏물을 제거하고 결 반대 방향으로 두께 0.4cm, 길이 4cm, 폭 5cm로 썰어 칼등으로 잘 두드린 후 칼날 끝으로 잔칼집을 충분히 넣어 손질한다.

2. 손질한 후 넓어진 고기의 가장자리 부분을 잘라 내고 완성 시의 크기보다 각각 1cm가량 크게 준비한다(익으면 크기가 1cm 정도 줄어든다).

3. 대파와 마늘은 곱게 다지고, 생강은 으깨어 즙을 짜 놓는다.

4. 분량의 양념들을 잘 섞어 고추장 양념을 만든다.

5. 준비한 고기에 고추장 양념을 골고루 발라 잰다.

6. 석쇠를 달궈 식용유를 살짝 바른 후 양념한 고기를 가지런히 올린다.

7. 석쇠의 높낮이로 불과의 거리를 조절해 가며 고기를 굽는다.

8. 고기 표면의 양념이 마르면 남은 고추장 양념을 덧발라 가며 타지 않고 완전히 익도록 구워 낸다.

9. 다 익은 고기에 뭉쳐진 양념을 고루 펴 발라 주고 접시에 가지런히 담아낸다.

▲ 고추장 양념에 고기를 잰다.

▲ 고기를 석쇠에 얹어 굽는다.

▲ 중간에 양념을 덧발라 가며 굽는다.

정보

- 제육구이는 농도가 진한 고추장 양념 때문에 고기가 익었는지 확인하기가 어려우므로 젓가락으로 살짝 눌러 단단해질 때까지 굽는다.
- 대파 · 마늘 양념이 거칠면 쉽게 타므로 곱게 다져 사용하는 것이 좋다.
- 고추장 양념의 농도가 되면 양념이 뭉치고 윤기가 없으며, 양념 농도가 너무 묽으면 간이 싱거우며 흘러내리므로 물의 양을 잘 조절하여 적당한 농도의 양념을 만들어 사용하도록 한다.
- 완성품의 개수가 부족할 경우 실격 사유가 되므로 유의한다.

더덕구이

⏱ 30분

 요구 사항

주어진 재료를 사용하여 다음과 같이 더덕구이를 만드시오.

1. 더덕은 껍질을 벗겨 사용하시오.

2. 유장으로 **초벌구이**를 하고 **고추장 양념**으로 석쇠에 구우시오.

3. 완성품은 **전량** 제출하시오.

 유의 사항

1. 더덕이 부서지지 않도록 두드린다.

2. 더덕이 타지 않도록 굽는 데 유의한다.

   ※ 나머지 유의 사항은 46쪽 공통 사항 참고

지급 재료　**통더덕**(껍질 있는 것, 길이 10~15cm) 3개, **진간장** 10mL, **대파**(흰 부분, 4cm) 1토막, **마늘**(중, 깐 것) 1쪽, **고추장** 30g, **흰설탕** 5g, **깨소금** 5g, **참기름** 10mL, **소금**(정제염) 10g, **식용유** 10mL

[고추장 양념]　고추장 1큰술, 흰설탕·다진 대파 1작은술씩, 다진 마늘 1/3작은술, 깨소금 1/4작은술, 물 약간
[유장]　진간장 1작은술, 참기름 1큰술

만드는 법

1. 더덕은 깨끗이 씻어 껍질째 살짝 구운 후 돌려 깎아 겉껍질을 말끔히 벗겨 내고 5cm 길이로 썰어 소금물에 담가 쓴맛을 뺀다(더덕이 두꺼울 경우에는 길이로 반 갈라 사용한다).

2. 더덕의 쓴맛이 어느 정도 빠지면 건져서 물기를 제거하고 더덕이 부서지지 않도록 주의하며 방망이로 자근자근 두드린다.

3. 대파와 마늘은 곱게 다진다.

4. 분량의 양념들을 잘 섞어 고추장 양념을 만든다.

5. 진간장과 참기름을 섞어 유장을 만든 후 두드려 둔 더덕에 양념하여 잰다.

6. 석쇠를 달궈 식용유를 살짝 바른 후 유장에 잰 더덕을 얹어 초벌구이한다.

7. 더덕이 반쯤 익으면 고추장 양념을 얇게 펴 발라 굽는다.

8. 양념이 살짝 마르면 나머지 고추장 양념을 덧발라 가며 타지 않게 굽는다.

9. 더덕에 뭉쳐진 양념을 잘 펴 발라 주고 접시에 가지런히 모아 담아낸다.

▲ 더덕 껍질을 돌려 깎아 벗겨 낸다.

▲ 더덕을 방망이로 자근자근 두드린다.

▲ 고추장 양념을 발라 굽는다.

정보

• 더덕을 껍질째 살짝 구운 후 겉껍질을 벗기면 끈적한 진이 나오지 않아 좀 더 쉽게 벗겨 낼 수 있다.

• 더덕 자체의 향이 강하므로 대파, 마늘 등 향이 강한 양념을 너무 많이 사용하지 않아야 더덕의 향을 살릴 수 있다.

• 너무 가느다란 더덕의 경우에는 가로 방향으로 포를 떠서 펼친 후 사용하면 원래 크기보다 보기 좋게 완성할 수 있다.

북어구이

🕐 20분

 요구사항

주어진 재료를 사용하여 다음과 같이 북어구이를 만드시오.

1. 구워진 북어의 길이는 5cm로 하시오.

2. 유장으로 **초벌구이**를 하고, **고추장 양념**으로 석쇠에 구우시오.

3. 완성품은 3개를 제출하시오(단, 세로로 잘라 3/6토막 제출할 경우 수량 부족으로 실격 처리).

 유의사항

1. 북어를 물에 불려 사용한다(이때 부서지지 않도록 유의한다).

2. 북어가 타지 않도록 잘 굽는다.

3. 고추장 양념을 만들어 북어를 무쳐서 재운다.

※ 나머지 유의 사항은 46쪽 공통 사항 참고

지급 재료 **북어포**(반을 갈라 말린 껍질이 있는 것, 40g) 1마리, **진간장** 20mL, **대파**(흰 부분, 4cm) 1토막, **마늘**(중, 간 것) 2쪽, **고추장** 40g, **흰설탕** 10g, **깨소금** 5g, **참기름** 15mL, **검은 후춧가루** 2g, **식용유** 10mL

[고추장 양념] 고추장 · 다진 대파 1큰술씩, 흰설탕 · 다진 마늘 1작은술씩, 깨소금 1/2작은술, 검은 후춧가루 · 물 약간씩

[유장] 진간장 1작은술, 참기름 1큰술

만드는법

1. 북어포는 물에 충분히 적셔 불린 후 젖은 면포로 감싸 놓는다.

2. 물에 불린 북어포의 물기를 가볍게 눌러 짠 후 머리와 지느러미를 잘라 내고 껍질 부분의 비늘을 살짝 긁어 낸 다음, 살 안쪽의 잔가시와 내장 찌꺼기 등을 제거하고 껍질 쪽에 칼집을 넣는다.

▲ 북어포 껍질 쪽에 칼집을 넣는다.

3. 손질한 북어포는 6cm 정도 길이로 썰어 완성 시 줄어들었을 때 길이가 5cm 정도 되도록 한다.

4. 대파와 마늘은 곱게 다진다.

5. 분량의 양념들을 잘 섞어 고추장 양념을 만든다.

6. 진간장와 참기름을 잘 섞어 유장을 만들어 북어포에 밑간한다.

▲ 유장에 북어포를 재어 놓는다.

7. 석쇠를 달궈 식용유를 살짝 바른 후 유장한 북어포를 얹어 앞뒤로 살짝 구워 초벌구이한다.

8. 초벌구이한 북어포에 고추장 양념을 골고루 발라 잠시 재어 둔다.

9. 북어포에 고추장 양념이 충분히 배면 석쇠 안쪽에 넣어 타지 않게 골고루 굽는다. 양념이 마르면 덧발라 가며 굽는다.

▲ 석쇠 안쪽에 양념한 북어포를 넣고 굽는다.

10. 완성된 북어구이를 접시에 가지런히 담는다.

정보

• 굽는 과정에서 북어포가 오그라들기 쉬우므로 반드시 껍질 쪽에 칼집을 넣어 주고, 구울 때는 북어포를 석쇠 안쪽에 넣고 석쇠 양쪽에서 눌러 준 상태에서 구워야 모양이 반듯하게 나온다.

• 양념의 농도를 물로 조절하여 부드럽게 해야 전체적으로 고르게 발라진다.

생선양념구이

⏱ 30분

**요구
사항**

주어진 재료를 사용하여 다음과 같이 생선양념구이를 만드시오.

1. 생선은 머리와 꼬리를 포함하여 **통째로** 사용하고, 내장은 아가미 쪽으로 제거하시오.

2. 칼집 넣은 생선은 유장으로 **초벌구이**를 하고, **고추장 양념**으로 석쇠에 구우시오.

3. 생선구이는 **머리 왼쪽, 배 앞쪽** 방향으로 담아내시오.

**유의
사항**

1. 석쇠를 사용하며 부서지지 않게 굽도록 유의한다.

2. 생선을 담을 때는 방향을 고려해야 한다.

※ 나머지 유의 사항은 46쪽 공통 사항 참고

지급
재료   **조기**(100~120g) 1마리, **진간장** 20mL, **대파**(흰 부분, 4cm) 1토막, **마늘**(중, 깐 것) 1쪽, **고추장** 40g, **흰설탕** 5g, **깨소금** 5g, **참기름** 5mL, **소금**(정제염) 20g, **검은 후춧가루** 2g, **식용유** 10mL

[고추장 양념]   고추장 · 다진 대파 1큰술씩, 흰설탕 · 다진 마늘 1작은술씩, 깨소금 1/2작은술, 검은 후춧가루 · 물 약간씩

[유장]   진간장 1작은술, 참기름 1큰술

만드는 법

1. 조기는 비늘을 긁고 아가미와 내장을 제거한 다음, 지느러미를 잘라 내고 다듬어 앞뒤로 2cm 간격의 칼집을 넣은 후 소금을 골고루 뿌려 키친타월에 돌돌 말아 놓는다(**42쪽 참고**).

2. 대파와 마늘은 곱게 다진다.

3. 분량의 양념들을 잘 섞어 고추장 양념을 만든다.

4. 진간장과 참기름을 잘 섞어 유장을 만든다.

5. 조기에 소금 간이 배면 물에 한번 헹군 후 물기를 잘 닦고 유장을 골고루 발라 잰다.

6. 석쇠를 뜨겁게 달궈 식용유를 고루 바른 후 유장에 잰 조기를 올려 앞뒤로 골고루 구워 초벌구이한다.

7. 조기가 어느 정도 익어 칼집 부분이 벌어지고 살색이 하얗게 변하면 고추장 양념을 얇게 펴 발라 타지 않게 굽는다.

8. 양념이 마르면 남은 고추장 양념을 덧발라 가며 구워 낸다.

9. 조기가 완전히 익으면 머리가 왼쪽, 꼬리가 오른쪽, 배가 아래쪽을 향하도록 하여 접시에 담아낸다.

▲ 아가미 안쪽에서 내장을 뺀다.

▲ 생선에 유장을 골고루 발라 잰다.

▲ 초벌구이 후에 고추장 양념을 발라 가며 굽는다.

정보

• 생선의 내장을 뺄 때 배 쪽에 상처가 나지 않도록 유의해야 하며, 내장을 뺀 후 배 속을 물로 한번 헹궈 물기를 완전히 빼내야 구운 후 접시에 물이 흐르지 않는다.

• 초벌구이 시 생선을 충분히 익혀야 고추장 양념을 바른 후 타지 않게 구울 수 있다.

두부조림

⏱ **25분**

**요구
사항**

주어진 재료를 사용하여 다음과 같이 두부조림을 만드시오.

1. 두부는 0.8×3×4.5cm로 잘라 지져서 사용하시오.

2. 8쪽을 제출하고, 촉촉하게 보이도록 국물을 약간 끼얹어 내시오.

3. 실고추와 파채를 고명으로 얹으시오.

**유의
사항**

1. 두부가 부서지지 않고 질기지 않게 한다.

2. 조림은 색깔이 좋고 윤기가 나도록 한다.

※ 나머지 유의 사항은 46쪽 공통 사항 참고

지급 재료 두부 200g, **대파**(흰 부분, 4cm) 1토막, **실고추** 1g, **검은 후춧가루** 1g, **참기름** 5mL, **소금**(정제염) 5g, **마늘**(중, 간 것) 1쪽, **식용유** 30mL, **진간장** 15mL, **깨소금** 5g, **흰설탕** 5g

[양념장] 진간장 1큰술, 흰설탕 1작은술, 다진 마늘 1작은술, 깨소금 1/2작은술, 검은 후춧가루 · 참기름 약간씩

만드는 법

1. 두부는 겉의 딱딱한 부분을 잘라 내고 두께 0.8cm, 폭 3cm, 길이 4.5cm로 썬 다음, 소금을 골고루 뿌려 밑간한 후 물기를 닦아 낸다.

2. 마늘은 곱게 다진다.

3. 분량의 양념들을 잘 섞어 양념장을 만든다.

4. 팬을 뜨겁게 달궈 식용유를 두르고 두부를 앞뒤로 노릇노릇하게 지진다.

5. 지져 낸 두부를 냄비에 담고 양념장을 골고루 끼얹은 후 물 1/4컵을 붓는다.

6. 중간 불에서 양념장 국물을 끼얹어 가며 두부를 조려 간이 골고루 배도록 한다.

7. 국물이 2큰술 정도 남으면 불을 꺼 놓는다.

8. 고명용 대파 푸른 부분은 3cm 길이로 채 썰고, 실고추도 대파와 같은 길이로 잘라 함께 두부 위에 고명으로 얹는다.

9. 냄비 뚜껑을 닫고 잠시 두어 남은 열기로 고명이 살짝 익도록 한다.

10. 완성된 두부조림을 가지런히 접시에 모아 담고, 작품을 내기 전에 남은 국물을 두부 위에 고루 끼얹어 낸다.

▲ 두부를 규격에 맞게 썬다.

▲ 달군 팬에 두부를 노릇하게 지진다.

▲ 지진 두부를 냄비에 담고 양념장을 끼얹는다.

- 두부를 지질 때 황금색이 나도록 노릇하게 지져야 완성 시 색이 곱고 두부가 부서지지 않는다.
- 실고추와 대파채 고명을 가지런히 얹어야 담을 때 모양이 깔끔하다.

홍합초

🕐 20분

 요구사항

주어진 재료를 사용하여 다음과 같이 홍합초를 만드시오.

1. 마늘과 생강은 **편**으로, 파는 2cm로 써시오.
2. 홍합은 데쳐서 **전량** 사용하고, 촉촉하게 보이도록 **국물**을 끼얹어 제출하시오.
3. 잣가루를 **고명**으로 얹으시오.

 유의사항

1. 홍합을 깨끗이 손질하도록 한다.
2. 조려진 홍합이 너무 질기지 않아야 한다.
   ※ 나머지 유의 사항은 46쪽 공통 사항 참고

**지급
재료** **생홍합**(굵고 싱싱한 것, 껍데기 벗긴 것으로 지급) 100g, **대파**(흰 부분, 4cm) 1토막, **검은 후춧가루** 2g, **참기름** 5mL,
마늘(중, 깐 것) 2쪽, **진간장** 40mL, **생강** 15g, **흰설탕** 10g, **잣**(깐 것) 5개
[조림장] 진간장 1큰술, 흰설탕 1/2큰술, 검은 후춧가루 약간, 물 1/2컵

만드는 법

1. 생홍합은 수염을 떼고 소금물에 살살 흔들어 씻어 물기를 받쳐 놓았다가 끓는 물에 소금을 넣고 살짝 데친 후 찬물에 헹구지 않은 상태로 체에 받쳐 물기를 뺀다.

2. 대파는 2cm 길이로 통으로 썰고, 마늘과 생강은 모양을 살려 편으로 얇게 저민다.

3. 잣은 고깔을 제거하여 키친타월에 올리고 밀대로 밀어 기름기를 제거한 후 곱게 다진다.

4. 냄비에 조림장 재료를 넣고 끓으면 데친 홍합살을 넣고 냄비 뚜껑을 연 채로 중간 불에서 은근히 끓인다.

5. 국물이 반으로 줄면 대파, 마늘, 생강을 넣고 같이 조린다.

6. 국물이 1큰술 정도 남으면 마지막에 참기름을 넣고 센 불로 바짝 조린다.

7. 조린 홍합과 대파, 마늘, 생강이 서로 어우러지도록 그릇에 담고 남은 국물을 살짝 끼얹은 후 잣가루를 뿌려 낸다.

▲ 홍합의 수염을 가위로 잘라 낸다.

▲ 끓는 물에 홍합을 데쳐 낸다.

▲ 홍합을 끓이다 대파, 마늘, 생강을 넣고 조린다.

정보

• 홍합을 조릴 때 냄비 뚜껑을 열고 조려 비린내가 날아가도록 한다.
• 마지막에 센 불로 바짝 조려서 양념이 충분히 농축되어야 윤기가 잘 난다.

지짐누름적

⏱ **35분**

 요구사항
주어진 재료를 사용하여 다음과 같이 지짐누름적을 만드시오.

1. 각 재료는 0.6×1×6cm로 하시오.

2. 누름적의 수량은 **2개**를 제출하고, 꼬치는 빼서 제출하시오.

 유의사항
1. 각각의 준비된 재료를 조화 있게 끼워서 색을 잘 살릴 수 있도록 지진다.

2. 당근과 통도라지는 기름으로 볶으면서 소금으로 간을 한다.

※ 나머지 유의 사항은 46쪽 공통 사항 참고

만드는 법

1. 대파와 마늘은 곱게 다진다.

2. 소고기는 핏물을 제거하고 길이 7~8cm, 두께 0.5cm로 썰어 잔칼집을 넣은 후 분량의 소고기 양념을 넣어 양념한다.

3. 물에 불린 건표고버섯은 기둥을 잘라 내고 물기를 제거하여 길이 6cm, 두께 0.6cm, 폭 1cm로 썬 후 분량의 표고버섯 양념을 넣어 양념한다.

4. 쪽파는 6cm 길이로 썰어 놓는다.

5. 당근과 통도라지는 껍질을 벗기고 표고버섯과 같은 크기로 썰고, 도라지는 소금으로 비벼 씻어 쓴맛을 뺀다.

6. 끓는 물에 당근과 도라지를 30초 정도 데쳐 찬물에 헹구고 물기를 제거한 후 팬에 식용유를 두르고 볶으면서 소금으로 간을 한다.

7. 팬을 달궈 식용유를 두르고 표고버섯과 소고기를 익혀 낸다.

8. 준비한 재료들을 색이 잘 어울리도록 산적 꼬치에 나란히 꽂는다.

9. 재료 뒷면과 사이사이에 밀가루를 꼼꼼히 묻히고, 달걀을 잘 풀어 달걀물을 전체적으로 입힌 후 팬에 노릇노릇하게 지진다.

10. 지짐누름적이 식으면 산적 꼬치를 살살 돌려 빼내고 접시에 가지런히 담는다.

▲ 손질한 재료들을 산적 꼬치에 가지런히 꽂는다.

▲ 재료 뒷면에 밀가루를 묻힌다.

▲ 달걀물을 묻힌 후 팬에 지져 낸다.

정보

• 제출하는 지짐누름적 2개의 재료 꽂는 순서가 같도록 한다.
• 지짐누름적의 뒷면을 충분히 익혀 주어야 산적 꼬치를 빼낼 때 각각의 재료가 서로 떨어지지 않는다.

화양적

🕐 35분

요구
사항

주어진 재료를 사용하여 다음과 같이 화양적을 만드시오.

1. 화양적은 0.6×6×6cm로 만드시오.

2. 달걀노른자로 지단을 만들어 사용하시오(단, 달걀흰자 지단을 사용하는 경우 실격 처리).

3. 화양적은 2꼬치를 만들고, 잣가루를 고명으로 얹으시오.

유의
사항

1. 통도라지는 쓴맛을 잘 뺀다.

2. 끼우는 순서는 색의 조화가 잘 이루어지도록 한다.

▨ 나머지 유의 사항은 46쪽 공통 사항 참고

지급재료 **소고기**(살코기, 길이 7cm) 50g, **건표고버섯**(지름 5cm, 물에 불린 것, 부서지지 않은 것) 1개, **당근**(길이 7cm, 곧은 것) 50g, **오이**(가늘고 곧은 것, 20cm) 1/2개, **통도라지**(껍질 있는 것, 길이 20cm) 1개, **산적 꼬치**(길이 8~9cm) 2개, **진간장** 5mL, **대파**(흰 부분, 4cm) 1토막, **마늘**(중, 깐 것) 1쪽, **소금**(정제염) 5g, **흰설탕** 5g, **깨소금** 5g, **참기름** 5mL, **검은 후춧가루** 2g, **잣**(깐 것) 10개, **달걀** 2개, **식용유** 30mL

[소고기 양념] 진간장 1/2작은술, 흰설탕 1/4작은술, 다진 대파 · 다진 마늘 · 깨소금 · 검은 후춧가루 · 참기름 약간씩

[표고버섯 양념] 진간장 1/2작은술, 흰설탕 1/4작은술, 참기름 약간

만드는 법

1. 대파와 마늘은 곱게 다진다.

2. 소고기는 핏물을 제거하고 길이 7~8cm, 두께 0.5cm, 폭 1cm로 썬 후 분량의 소고기 양념을 넣어 양념한다.

3. 물에 불린 건표고버섯은 기둥을 잘라 내고 물기를 제거하여 길이 6cm, 두께 0.6cm, 폭 1cm로 썬 후 분량의 표고버섯 양념을 넣어 양념한다.

4. 오이는 껍질의 초록색을 살리고 씨 부분을 도려 낸 후 표고버섯과 같은 크기로 잘라 소금에 절여 물기를 제거한다.

5. 당근과 통도라지는 껍질을 벗기고 오이와 같은 크기로 썰고, 도라지는 소금으로 비벼 씻어 쓴맛을 제거한다.

6. 달걀은 노른자 2개를 합하여 소금으로 간하고 풀어 두께 0.6cm로 황색 지단을 부친 후 길이 6cm, 폭 1cm로 썬다(달걀흰자는 사용하지 않는다).

7. 잣은 고깔을 제거하여 키친타월에 올리고 밀대로 밀어 기름기를 제거한 후 곱게 다진다.

8. 끓는 물에 당근과 도라지를 넣고 30초 정도 데쳐 절반 정도 익힌 후 찬물에 식혀 물기를 제거한다.

9. 데친 당근과 도라지는 소금으로 간을 하여 팬에 식용유를 두르고 살짝 볶아 내고, 오이도 살짝 볶아 식힌다.

10. 양념한 표고버섯 · 소고기는 달군 팬에 식용유를 두르고 익힌다.

11. 준비한 재료들을 서로 색이 어우러지도록 산적 꼬치에 가지런히 꽂는다.

12. 산적 꼬치의 뾰족한 양 끝을 1cm만 남기고 자른 후 화양적을 접시에 담고 잣가루를 얌전히 얹어 낸다.

▲ 끓는 물에 당근과 도라지를 데쳐 낸다.

▲ 양념한 소고기를 익혀 낸다.

▲ 접시에 담고 잣가루를 얹어 낸다.

정보
• 화양적은 주재료인 도라지가 가운데 위치하도록 꽂는다.
• 당근과 도라지가 덜 익거나 오이가 충분히 절여지지 않으면 산적 꼬치에 꽂을 때 부러지기 쉬우므로 유의해서 준비한다.

섭산적

⏱ 30분

 요구 사항

주어진 재료를 사용하여 다음과 같이 섭산적을 만드시오.

1. 고기와 두부의 비율을 3 : 1로 하시오.

2. 다져서 양념한 소고기는 크게 반대기를 지어 석쇠에 구우시오.

3. 완성된 섭산적은 0.7×2×2cm로 9개 이상 제출하시오.

4. 잣가루를 고명으로 얹으시오.

 유의 사항

1. 다져서 양념한 소고기는 크게 반대기를 지어 구운 뒤 자른다.

2. 고기가 타지 않게 잘 구워지도록 유의한다.

▨ 나머지 유의 사항은 46쪽 공통 사항 참고

지급 재료 　**소고기**(살코기) 80g, **두부** 30g, **대파**(흰 부분, 4cm) 1토막, **마늘**(중, 깐 것) 1쪽, **소금**(정제염) 5g, **흰설탕** 10g, **깨소금** 5g, **참기름** 5mL, **검은 후춧가루** 2g, **잣**(깐 것) 10개, **식용유** 30mL

[고기 양념] 　다진 대파 1/2큰술, 다진 마늘 · 흰설탕 · 참기름 1/2작은술씩, 소금 · 깨소금 1/4작은술씩, 검은 후춧가루 약간

만드는법

1. 두부는 가장자리의 딱딱한 부분을 제거하고 면포로 감싸 물기를 꼭 짠 후 도마 위에 놓고 칼 옆면으로 눌러 으깨 놓는다.

2. 소고기는 핏물을 닦아 내고 기름기와 힘줄을 제거한 후 곱게 다진다.

3. 대파와 마늘은 곱게 다진다.

4. 다진 소고기에 으깬 두부와 고기 양념을 넣고 반죽에 끈기가 생길 때까지 손으로 충분히 치댄다.

5. 잣은 고깔을 제거하여 키친타월에 올리고 밀대로 밀어 기름기를 제거한 후 곱게 다진다.

6. 도마 위에 식용유를 바르고 **4**의 고기 반죽을 넓게 펼쳐 0.7cm 두께로 네모지게 반대기를 빚은 후 윗면에 잔칼집을 넣는다.

7. 석쇠를 달궈 식용유를 바른 후 반대기를 얹어 표면이 연한 갈색이 나면서 속까지 완전히 익도록 중간 불에서 구워 식힌다.

8. 반대기가 식으면 가로세로 2cm 크기로 9조각이 되도록 썬다.

9. 접시에 섭산적을 가지런히 모아 담고 잣가루를 각각의 섭산적 조각 중심에 정성껏 얹어 낸다.

▲ 반대기 윗면에 잔칼집을 넣는다.

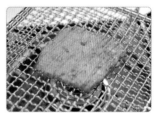

▲ 달군 석쇠 위에서 반대기를 굽는다.

▲ 접시에 담은 후 잣가루를 얹는다.

정보

- 섭산적을 구워서 썰 때 완전히 식은 후에 칼에 힘을 빼서 톱질하듯 썰어야 고기가 부서지지 않고 깔끔하게 썰린다.
- 반죽의 농도가 전체적으로 물기 없이 되직해야 석쇠에 달라붙지 않고 잘 구워지므로 두부의 분량을 잘 조절하고 반죽 자체에 끈기가 생길 때까지 충분히 치대도록 한다.

생선전

⏱ 25분

요구 사항

주어진 재료를 사용하여 다음과 같이 생선전을 만드시오.

1. 생선은 **세장 뜨기**하여 껍질을 벗기고 포를 뜨시오.

2. 생선전은 0.5×5×4cm로 만드시오.

3. 달걀은 흰자, 노른자를 **혼합**하여 사용하시오.

4. 생선전은 **8개** 제출하시오.

유의 사항

1. 생선이 부서지지 않게 한다.

2. 달걀옷이 떨어지지 않도록 한다.

⅋ 나머지 유의 사항은 46쪽 공통 사항 참고

지급 재료 **동태**(400g) 1마리, **밀가루**(중력분) 30g, **달걀** 1개, **소금**(정제염) 10g, **흰 후춧가루** 2g, **식용유** 50mL

만드는 법

1. 동태는 비늘을 긁어내고 머리를 잘라 낸 후 배를 갈라 내장을 제거한 다음, 등 쪽에서 포를 뜨고 꼬리에서 머리 방향으로 껍질을 벗기고 잔가시를 제거한다(**41쪽 참고**).

2. 생선 가장자리 살을 깔끔하게 정리한 후 생선살이 익은 후의 크기를 감안하여 두께 0.4cm, 길이 6cm, 폭 4cm가 되도록 도톰하게 포를 뜬다(익으면 크기가 줄고 도톰해진다).

3. 포 뜬 생선에 소금과 흰 후춧가루를 약간씩 넣어 밑간한다.

4. 생선포에 밀가루를 고루 묻히고 여분의 가루는 살짝 털어 낸다.

5. 달걀을 잘 풀어 생선포를 충분히 적신 후 달군 팬에 식용유를 두르고 달걀이 흐르지 않도록 노릇노릇하게 지진다.

6. 지져 낸 생선전은 키친타월에 잠시 두어 기름기를 제거한 후 접시에 가지런히 담아낸다.

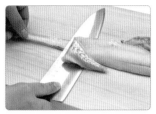
▲ 동태 껍질을 벗겨 손질한다.

▲ 소금과 흰 후춧가루로 밑간한다.

▲ 밀가루와 달걀을 묻혀 지진다.

정보

- 생선살을 다룰 때는 생선살과 주변에 물기가 있으면 살이 부서지지 쉬우므로 물기를 잘 닦아 가며 다루는 것이 좋다.
- 달걀흰자는 절반 정도만 사용하는 것이 전의 색이 고우며, 달걀에 소금으로 간을 하면 농도가 묽어져서 달걀옷이 잘 묻지 않으므로 유의한다.
- 완성품의 개수가 부족할 경우 실격 처리되므로 유의한다.

육원전

⏱ 20분

 요구 사항

주어진 재료를 사용하여 다음과 같이 육원전을 만드시오.

1. 육원전은 지름 4cm, 두께 0.7cm가 되도록 하시오.
2. 달걀은 흰자, 노른자를 혼합하여 사용하시오.
3. 육원전은 6개를 제출하시오.

 유의 사항

1. 고기와 두부의 배합이 맞아야 한다.
2. 전의 속까지 잘 익도록 한다.
3. 모양이 흐트러지지 않아야 한다.

   ※ 나머지 유의 사항은 46쪽 공통 사항 참고

지급 재료 **소고기**(살코기) 70g, **두부** 30g, **밀가루**(중력분) 20g, **달걀** 1개, **대파**(흰 부분, 4cm) 1토막, **검은 후춧가루** 2g, **참기름** 5mL, **소금**(정제염) 5g, **마늘**(중, 간 것) 1쪽, **식용유** 30mL, **깨소금** 5g, **흰설탕** 5g

[고기 양념] 다진 대파 1/2큰술, 다진 마늘 · 흰설탕 · 참기름 1/2작은술씩, 소금 1/4작은술, 검은 후춧가루 · 깨소금 약간씩

만드는 법

1. 두부는 가장자리의 딱딱한 부분을 제거하고 면포로 감싸 물기를 꼭 짠 후 도마 위에 놓고 칼 옆면으로 눌러 으깨 놓는다.

2. 소고기는 핏물을 닦아 내고 기름기와 힘줄을 제거한 후 곱게 다진다.

3. 대파와 마늘은 곱게 다진다.

4. 다진 소고기에 으깬 두부와 고기 양념을 넣고 반죽에 끈기가 생길 때까지 손으로 충분히 치댄다.

5. 고기 반죽을 지름 4.5cm, 두께 0.5cm로 동글납작하게 완자 6개를 빚는다(익으면 크기가 줄고 두께는 도톰해져서 요구 사항과 같은 지름 4cm, 두께 0.7cm 정도가 된다).

6. 완자에 밀가루를 고루 묻힌 후 여분의 가루는 털어 낸다.

7. 달걀을 풀어 흰자와 노른자를 잘 섞은 후 밀가루 묻힌 완자를 적신다. 이때 달걀흰자는 절반 분량을 덜어 내고 사용한다.

8. 뜨겁게 달군 팬에 식용유를 두르고 불을 약하게 줄여 완자를 놓고 앞뒤로 노릇노릇하게 익혀 낸다.

9. 익힌 육원전을 키친타월 위에 잠시 두어 기름기를 빼고 완성 접시에 가지런히 모아 담는다.

▲ 고기에 두부와 양념을 넣고 반죽한다.

▲ 완자를 빚는다.

▲ 밀가루와 달걀을 묻혀 지진다.

정보

• 고기 반죽은 충분히 치대야 가장자리가 갈라지지 않고 모양 좋은 완자를 빚을 수 있다.
• 완자를 빚을 때 가운데 부분을 살짝 눌러 주면 익으면서 전체적인 크기가 수축되며 가운데가 밀려 올라오더라도 평평한 모양을 유지할 수 있다.

표고전

🕐 20분

 요구 사항

주어진 재료를 사용하여 다음과 같이 표고전을 만드시오.
1. 표고버섯과 속은 각각 **양념**하여 사용하시오.
2. **표고전**은 5개를 제출하시오.

 유의 사항

1. 표고의 색깔을 잘 살릴 수 있도록 한다.
2. 고기가 완전히 익도록 한다.
   ※ 나머지 유의 사항은 46쪽 공통 사항 참고

지급 재료 **건표고버섯**(지름 2.5~4cm, 부서지지 않은 것을 불려서 지급) 5개, **소고기**(살코기) 30g, **두부** 15g, **밀가루**(중력분) 20g, **달걀** 1개, **대파**(흰 부분, 4cm) 1토막, **검은 후춧가루** 1g, **참기름** 5mL, **소금**(정제염) 5g, **깨소금** 5g, **마늘**(중, 깐 것) 1쪽, **식용유** 20mL, **진간장** 5mL, **흰설탕** 5g

[표고버섯 양념] 진간장 1작은술, 흰설탕 1/2작은술, 참기름 1/2작은술

[소 양념] 소금 1/6작은술, 다진 대파 1작은술, 다진 마늘·참기름 1/3작은술씩, 깨소금 1/4작은술, 검은 후춧가루 약간

만드는 법

1. 두부는 가장자리의 딱딱한 부분을 제거하고 면포로 감싸 물기를 꼭 짠 후 도마 위에 놓고 칼 옆면으로 눌러 으깨 놓는다.

2. 물에 불린 건표고버섯은 안쪽의 기둥을 잘라 내고 물기를 꼭 짠 후 분량의 표고버섯 양념으로 양념한다.

3. 소고기는 핏물을 닦아 내고 기름기와 힘줄을 제거한 후 곱게 다진다.

4. 대파와 마늘은 곱게 다진다.

5. 다진 소고기에 으깬 두부와 소 양념을 넣고 잘 치대어 고기소를 만든다.

6. 양념한 표고버섯 안쪽에 밀가루를 솔솔 뿌리고 고기소를 넣어 평평하게 채운 후 고기소가 들어간 쪽에만 밀가루를 묻히고 여분의 가루는 털어 낸다.

7. 달걀을 풀어 노른자와 흰자를 잘 섞은 후 고기소를 채운 표고버섯의 밀가루가 묻은 쪽에만 달걀을 묻힌다.

8. 달군 팬에 식용유를 두르고 불을 약하게 줄여 표고버섯을 노릇노릇하게 익힌다.

9. 다 익은 표고전을 키친타월 위에 잠시 두어 기름기가 빠지면 완성 접시에 보기 좋게 모아 담아낸다.

▲ 표고버섯에 양념을 한다.

▲ 고기에 두부와 양념을 넣고 반죽한다.

▲ 표고버섯 안쪽에 밀가루를 뿌리고 고기소를 꼭꼭 채워 넣는다.

정보

- 표고버섯의 검은 부분에 밀가루와 달걀이 묻지 않도록 해야 색이 선명하고 깔끔한 표고전을 만들 수 있다.
- 전을 지질 때 속을 채운 면을 팬에 먼저 놓고 살짝 눌러 주면 고기를 채운 면이 좀 더 평평하고 반듯한 모양이 나온다.

풋고추전

⏱ 25분

 요구 사항

주어진 재료를 사용하여 다음과 같이 풋고추전을 만드시오.

1. 풋고추는 5cm 길이로, 소를 넣어 지져 내시오.

2. 풋고추는 잘라 데쳐서 사용하며, 완성된 풋고추전은 8개를 제출하시오.

 유의 사항

1. 완성된 풋고추전의 색에 유의한다.

※ 나머지 유의 사항은 46쪽 공통 사항 참고

지급 재료	풋고추(길이 11cm 이상) 2개, **소고기**(살코기) 30g, **두부** 15g, **밀가루**(중력분) 15g, **달걀** 1개, **대파**(흰 부분, 4cm) 1토막,

검은 후춧가루 1g, **참기름** 5mL, **소금**(정제염) 5g, **깨소금** 5g, **마늘**(중, 간 것) 1쪽, **식용유** 20mL, **흰설탕** 5g

[소 양념] 다진 대파 1/2큰술, 다진 마늘·참기름 1/2작은술씩, 소금·깨소금·흰설탕 1/4작은술씩, 검은 후춧가루 약간

만드는 법

1. 풋고추는 꼭지를 따고 반으로 갈라 씨를 털어 낸 다음, 5cm 길이로 썰어 끓는 물에 소금을 약간 넣고 살짝 데친 후 찬물에 식힌다.

2. 두부는 가장자리의 딱딱한 부분을 제거하고 면포로 감싸 물기를 꼭 짠 후 도마 위에 놓고 칼 옆면으로 눌러 으깨 놓는다.

3. 소고기는 핏물을 닦아 내고 기름기와 힘줄을 제거한 후 곱게 다진다.

4. 대파와 마늘은 곱게 다진다.

5. 으깬 두부와 다진 소고기를 같이 섞고 분량의 소 양념을 넣어 끈기가 생길 때까지 잘 치대 고기소를 만든다.

6. 풋고추의 물기를 닦아 낸 후 안쪽에 밀가루를 솔솔 뿌리고 고기소를 평평하게 채운다.

7. 고기소를 채운 쪽에만 밀가루를 묻히고 여분의 가루는 털어 낸다.

8. 달걀을 풀어 노른자와 흰자를 잘 섞은 후 소를 채운 풋고추의 밀가루가 묻은 쪽에만 달걀을 묻힌다.

9. 달군 팬에 식용유를 두르고 불을 약하게 줄인 후 고기소가 있는 쪽부터 노릇노릇하게 지진다.

10. 풋고추의 파란 쪽은 뒤집지 말고 달궈진 식용유를 표면에 발라 가며 익힌다.

11. 다 익은 풋고추전을 키친타월 위에 올려 기름기를 제거한 후 접시에 고기소가 들어 있는 면과 푸른 면이 반반씩 보이도록 가지런히 담아낸다.

▲ 풋고추를 데쳐 찬물에 식힌다.

▲ 풋고추 안쪽에 고기소를 채운다.

▲ 고기소를 채운 쪽에 달걀옷을 입혀 지진다.

정보

• 풋고추의 푸른 면을 팬에 익히면 얇은 껍질이 부풀어 쭈글쭈글해지고 색이 검게 변하므로 뒤집어 익히지 않도록 한다.

• 익은 고기소는 전체적인 길이는 수축하지만 가운데 부분이 볼록하게 올라오므로 처음에 고기소를 넣을 때 너무 볼록하지 않도록 깎아 낸 듯 평평하게 채워야 한다.

오징어볶음

⏰ **30분**

요구 사항

주어진 재료를 사용하여 다음과 같이 오징어볶음을 만드시오.

1. 오징어는 0.3cm 폭으로 어슷하게 **칼집**을 넣고, 크기는 4×1.5cm로 써시오.
   (단, 오징어 다리는 4cm 길이로 자른다.)

2. 고추, 파는 어슷썰기, 양파는 폭 1cm로 써시오.

유의 사항

1. 오징어 손질 시 먹물이 터지지 않도록 유의한다.

2. 완성품 양념 상태는 고춧가루색이 배도록 한다.

※ 나머지 유의 사항은 46쪽 공통 사항 참고

지급재료 **물오징어**(250g) 1마리, **소금**(정제염) 5g, **진간장** 10mL, **흰설탕** 20g, **참기름** 10mL, **깨소금** 5g, **풋고추**(길이 5cm 이상) 1개, **홍고추**(생) 1개, **양파**(중, 150g) 1/3개, **마늘**(중, 깐 것) 2쪽, **대파**(흰 부분, 4cm) 1토막, **생강** 5g, **고춧가루** 15g, **고추장** 50g, **검은 후춧가루** 2g, **식용유** 30mL

[고추장 양념] 고추장 2큰술, 흰설탕 · 고춧가루 · 다진 마늘 · 물 1큰술씩, 진간장 · 다진 생강 1작은술씩, 깨소금 1/2작은술, 검은 후춧가루 약간, 참기름 1/2큰술

만드는 법

1. 물오징어는 다리 부분을 잡아당겨 내장을 빼내고 배를 갈라 깨끗이 씻은 후 면포를 사용해 몸통과 다리 껍질을 말끔히 벗겨 낸다. 껍질을 벗길 때 손에 소금을 묻혀서 벗기면 잘 벗겨진다(**42쪽 참고**).

2. 오징어 몸통살 안쪽에 0.3cm 간격으로 대각선 방향의 칼집을 넣은 후 가로 방향으로 폭 4cm, 길이 1.5cm로 썬다.

3. 오징어 다리는 4cm 길이로 잘라 놓는다.

4. 양파는 길이 4cm, 폭 1cm로 썬다.

5. 홍고추와 풋고추는 0.5cm 두께로 어슷하게 썰어 씨를 살짝 빼고, 대파도 어슷하게 썬다.

6. 마늘과 생강은 곱게 다진다.

7. 분량의 양념들을 잘 섞어 고추장 양념을 만든다.

8. 팬을 달궈 식용유를 두르고 양파를 볶다가 양파에 기름이 적당히 흡수되면 오징어를 넣고 같이 볶는다.

9. 오징어가 반 정도 익어 칼집이 선명하게 나타나면 준비한 고추장 양념을 넣고 고루 버무려 가며 볶는다.

10. 9에 홍고추, 풋고추, 대파를 넣고 살짝 익혀 마무리한다.

11. 오징어와 양파 등 부재료들이 서로 어우러지도록 접시에 보기 좋게 담아낸다.

▲ 오징어 안쪽에 칼집을 넣는다.

▲ 양파가 살짝 익으면 오징어를 넣고 볶는다.

▲ 오징어의 칼집이 벌어지면 고추장 양념을 넣고 볶는다.

정보

• 볶을 때 약간 센 불에서 볶고 작품을 제출하기 전에 바로 볶아 내어 물이 생기는 것을 방지하도록 한다.

잡채

🕐 **35분**

**요구
사항**

주어진 재료를 사용하여 다음과 같이 잡채를 만드시오.

1. 소고기, 양파, 오이, 당근, 도라지, 표고버섯은 0.3×0.3×6cm로 썰어 사용하시오.
2. 숙주는 데치고, 목이버섯은 찢어서 사용하시오.
3. 당면은 삶아서 **유장처리**하여 볶으시오.
4. 황·백지단은 0.2×0.2×4cm로 썰어 **고명**으로 얹으시오.

**유의
사항**

1. 주어진 재료는 굵기와 길이가 일정하게 한다.
2. 당면은 알맞게 삶아서 간한다.
3. 모든 재료는 양과 색깔의 배합에 유의한다.
   ▨ 나머지 유의 사항은 46쪽 공통 사항 참고

지급재료 **당면** 20g, **소고기**(살코기, 길이 7cm) 30g, **건표고버섯**(지름 5cm, 물에 불린 것, 부서지지 않은 것) 1개, **건목이버섯**(지름 5cm, 물에 불린 것) 2개, **양파**(중, 150g) 1/3개, **오이**(가늘고 곧은 것, 길이 20cm) 1/3개, **당근**(길이 7cm, 곧은 것) 50g, **통도라지**(껍질 있는 것, 길이 20cm) 1개, **숙주**(생것) 20g, **흰설탕** 10g, **대파**(흰 부분, 4cm) 1토막, **마늘**(중, 간 것) 2쪽, **진간장** 20mL, **식용유** 50mL, **깨소금** 5g, **검은 후춧가루** 1g, **참기름** 5mL, **소금**(정제염) 15g, **달걀** 1개

[소고기 양념] 진간장 1/2작은술, 흰설탕 1/4작은술, 다진 대파 · 다진 마늘 · 깨소금 · 검은 후춧가루 · 참기름 약간씩

[표고버섯 양념] 진간장 1/2작은술, 흰설탕 1/4작은술, 참기름 1/2작은술

만드는 법

1. 숙주는 거두절미하고, 물에 불린 건목이버섯은 물기를 제거하고 적당한 크기로 찢는다.

2. 오이는 6cm 길이로 돌려 깎아 0.3cm 두께로 채 썰어 소금에 절인 후 물기를 꼭 짠다.

3. 통도라지는 껍질을 벗기고 오이와 같은 크기로 채 썰어 소금으로 주물러 씻고, 당근과 양파도 오이와 같은 크기로 채를 썬다.

4. 대파와 마늘은 곱게 다진다.

5. 소고기는 핏물을 제거하고 0.3cm 두께로 얇게 포를 떠서 6cm 길이로 채 썬 후 분량의 소고기 양념을 넣어 양념한다.

6. 물에 불린 건표고버섯은 기둥을 떼고 물기를 제거하여 길이 6cm, 두께 0.3cm로 채 썬 후 분량의 표고버섯 양념을 넣어 양념한다.

7. 끓는 물에 숙주와 도라지를 넣고 데쳐 물기를 빼놓는다.

8. 당면은 끓는 물에 삶아 부드러워지면 체에 밭쳐 물기를 뺀 후 진간장과 흰설탕, 참기름을 약간씩 넣고 밑간한다.

9. 달걀은 황백으로 나눠 소금을 넣고 풀어 기품을 걷어 낸 후 지단을 부쳐 두께 0.2cm, 길이 4cm로 채를 썬다.

10. 팬에 식용유를 두르고 오이, 양파, 도라지, 당근, 목이버섯, 표고버섯, 소고기, 당면 순서로 볶아 낸다.

11. 10에서 볶은 재료들을 식힌 후 데친 숙주와 참기름을 넣고 고루 버무려 접시에 소복하게 담아낸 다음, 채 썰어 놓은 황백 달걀지단을 잡채 가운데 고명으로 올린다.

▲ 재료를 각각 채 썰어 준비한다.

▲ 삶은 당면에 밑간을 한다.

▲ 준비한 재료를 합해 골고루 섞는다.

정보

• 당면을 삶을 때 찬물에 면을 담가 손으로 끊어 보면 면이 어느 정도 익었는지를 정확히 알 수 있다.

• 각각의 재료의 두께가 일정해야 버무려 놓았을 때 깔끔한 모양의 잡채를 완성할 수 있다.

칠절판

⏱ 40분

**요구
사항**

주어진 재료를 사용하여 다음과 같이 칠절판을 만드시오.

1. 밀전병은 지름 8cm가 되도록 6개를 만드시오.

2. 채소와 황 · 백지단, 소고기는 0.2×0.2×5cm로 써시오.

3. 석이버섯은 곱게 **채**를 써시오.

**유의
사항**

1. 밀전병의 반죽 상태에 유의한다.

2. 완성된 채소 색깔에 유의한다.

※ 나머지 유의 사항은 46쪽 공통 사항 참고

지급 재료 **소고기**(살코기, 길이 6cm) 50g, **오이**(가늘고 곧은 것, 20cm) 1/2개, **당근**(길이 7cm, 곧은 것) 50g, **달걀** 1개, **석이버섯**
(마른 것, 부서지지 않은 것) 5g, **밀가루**(중력분) 50g, **진간장** 20mL, **마늘**(중, 깐 것) 2쪽, **대파**(흰 부분, 4cm) 1토막, **검은 후춧가루**
1g, **참기름** 10mL, **흰설탕** 10g, **깨소금** 5g, **식용유** 30mL, **소금**(정제염) 10g
[**소고기 양념**] 진간장 1작은술, 흰설탕 1/2작은술, 다진 대파 · 다진 마늘 · 깨소금 · 검은 후춧가루 · 참기름 약간씩

만드는 법

1. 마른 석이버섯은 따뜻한 물에 담가 부드럽게 불린다.

2. 밀가루는 체에 내려 소금으로 간을 한 후 물 1/2컵을 넣고 잘 개어서 밀전병 반죽을 만들어 놓는다.

3. 대파와 마늘은 곱게 다진다.

4. 소고기는 두께 0.2cm, 길이 5cm로 채를 썬 후 분량의 소고기 양념을 넣어 양념한다.

▲ 재료를 규격에 맞게 채를 썬다.

5. 오이는 0.2cm 두께로 돌려 깎아 5cm 길이로 채 썰어 소금에 절였다가 물기를 꼭 짠다.

6. 당근은 오이와 같은 크기로 채 썰어 소금에 절였다가 물기를 짜 놓는다.

▲ 밀전병을 얇게 부친다.

7. 물에 불린 석이버섯은 소금에 비벼 씻고 돌돌 말아 가늘게 채 썬 후 소금과 참기름을 약간씩 넣고 밑간한다.

8. 달걀은 황백으로 나눠 소금을 넣고 풀어 거품을 걷어 낸 후 얇게 지단을 부쳐 각각 곱게 두께 0.2cm, 길이 5cm로 채를 썬다.

9. 팬에 식용유를 두르고 밀전병 반죽을 1큰술씩 떠 넣어 지름 8cm 크기의 얇고 둥근 밀전병을 6장 부친다.

▲ 익힌 재료들을 보기 좋게 돌려 담는다.

10. 팬에 식용유를 두르고 오이, 당근, 소고기, 석이버섯을 각각 따로 볶아 낸다.

11. 접시 중앙에 밀전병을 켜켜로 겹쳐 담고 나머지 재료들을 보기 좋게 돌려 담는다.

정보

- 밀전병을 부칠 때는 달걀지단을 부칠 때처럼 팬의 기름기를 완전히 닦아 내고 낮은 온도에서 부쳐야 매끄러운 모양의 밀전병이 완성된다.
- 달걀지단은 돌돌 말아서 채를 써는 것이 수월하게 담아진다.

더덕생채

⏱ 20분

 요구사항

주어진 재료를 사용하여 다음과 같이 더덕생채를 만드시오.

1. 더덕은 5cm로 썰어 두들겨 편 후 찢어서 쓴맛을 제거하여 사용하시오.
2. **고춧가루**로 양념하고, **전량** 제출하시오.

 유의사항

1. 더덕을 두드릴 때 부스러지지 않도록 한다.
2. 무치기 전에 쓴맛을 빼도록 한다.
3. 무쳐진 상태가 깨끗하고 빛이 고와야 한다.

▨ 나머지 유의 사항은 46쪽 공통 사항 참고

지급 재료　**통더덕**(껍질 있는 것, 길이 10~15cm) 2개, **마늘**(중, 깐 것) 1쪽, **흰설탕** 5g, **식초** 5mL, **대파**(흰 부분, 4cm) 1토막, **소금**(정제염) 5g, **깨소금** 5g, **고춧가루** 20g

[생채 양념]　고춧가루 · 다진 대파 1작은술씩, 다진 마늘 1/3작은술, 흰설탕 · 식초 1큰술씩, 깨소금 약간

만드는 법

1. 통더덕은 깨끗이 씻어 껍질째 살짝 구워 돌려 깎아 가며 껍질을 벗긴 후 5cm 길이로 썰고 0.5cm 두께로 저며 소금물에 담가 쓴 맛을 뺀다.

2. 더덕의 쓴맛이 어느 정도 빠지면 물기를 제거하고 밀대로 두들겨 얇게 편 후 이쑤시개로 가늘게 찢는다.

3. 대파와 마늘은 곱게 다진다.

4. 고춧가루를 뺀 나머지 양념들을 고루 섞어 생채 양념을 만든다.

5. 찢어 놓은 더덕에 고춧가루를 넣어 붉고 곱게 물들인다.

6. 고춧가루로 물들인 더덕에 4의 나머지 생채 양념을 넣고 골고루 버무린다.

7. 더덕생채를 깔끔하게 모아 그릇에 소복하게 담아낸다.

▲ 더덕을 밀대로 두들겨 얇게 편다.

▲ 이쑤시개를 사용하여 가늘게 찢는다.

▲ 고춧가루를 넣어 붉게 물들인다.

정보

• 더덕을 찢을 때는 일정한 두께와 길이로 찢어 깔끔한 느낌이 나도록 한다.
• 고춧가루가 거칠 경우에는 고운체에 걸러 사용하는 것이 색이 곱다.
• 생채 양념은 작품을 제출하기 직전에 무쳐야 마르지 않고 촉촉하게 보인다.

도라지생채

⏱ 15분

 **요구
사항**

주어진 재료를 사용하여 다음과 같이 도라지생채를 만드시오.

1. 도라지는 0.3×0.3×6cm로 써시오.

2. 생채는 **고추장**과 **고춧가루 양념**으로 무쳐 제출하시오.

 **유의
사항**

1. 도라지는 굵기와 길이를 일정하게 하도록 한다.

2. 양념이 거칠지 않고 색이 고와야 한다.

※ 나머지 유의 사항은 46쪽 공통 사항 참고

[생채 양념] 고추장 · 흰설탕 · 식초 1큰술씩, 고춧가루 1/2작은술, 깨소금 1/4작은술, 다진 대파 1작은술, 다진 마늘 1/3작은술

만드는법

1. 통도라지는 깨끗이 씻어 겉껍질을 돌려 깎아 말끔히 벗겨 낸 후
   6cm 길이로 토막 내어 두께 0.3cm로 고르게 채를 썬다.

2. 채 썬 도라지는 뻣뻣함이 없어질 때까지 소금을 넣고 충분히 주
   물러 씻은 후 물에 여러 번 헹궈 쓴맛과 짠맛을 제거하고 물기를
   꼭 짠다.

3. 대파와 마늘은 곱게 다진다.

4. 분량의 양념들을 잘 섞어 생채 양념을 만든다.

5. 물기를 제거한 도라지에 생채 양념을 넣고 골고루 무친다.

6. 물기 없는 그릇에 도라지생채를 소복하게 담아낸다.

▲ 도라지를 규격에 맞게 채 썬다.

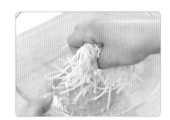
▲ 소금에 주물러 씻어 쓴맛을 뺀다.

▲ 생채 양념을 만든다.

정보

• 도라지는 소금으로 주물러 씻으면 수분이 빠져 부피가 줄어들어 전체적인 두께가 약간 얇아지므로 처음 채를 썰 때 너무 가
  늘지 않게 써는 것이 좋다.
• 양념을 버무릴 때는 손에 힘을 주어서 너무 세게 주무르면 물이 많이 생기고 싱싱한 느낌이 없어지므로 손에 힘을 빼고 살살
  버무려 낸다.

무생채

⏱ 15분

**요구
사항**

주어진 재료를 사용하여 다음과 같이 무생채를 만드시오.

1. 무는 0.2×0.2×6cm로 썰어 사용하시오.

2. 생채는 **고춧가루**를 사용하시오.

3. 무생채는 **70g 이상** 제출하시오.

**유의
사항**

1. 무채는 길이와 굵기를 일정하게 썰고 무채의 색에 유의한다.

2. 무쳐 놓은 생채는 싱싱하고 깨끗하게 한다.

3. 식초와 설탕의 간을 맞추는 데 유의한다.

　※ 나머지 유의 사항은 46쪽 공통 사항 참고

지급 재료 무(길이 7cm) 120g, **소금**(정제염) 5g, **고춧가루** 10g, **흰설탕** 10g, **식초** 5mL, **대파**(흰 부분, 4cm) 1토막, **마늘**(중, 간 것) 1쪽, **깨소금** 5g, **생강** 5g

[생채 양념] 흰설탕 · 식초 1큰술씩, 소금 · 깨소금 1/4작은술씩, 다진 대파 1작은술, 다진 마늘 1/3작은술, 다진 생강 1/6작은술

만드는 법

1. 무는 껍질을 벗기고 세로 방향으로 6cm 길이로 맞춰 썬 후 0.2cm 두께로 얇게 저며 가지런히 모아 놓고 세로 방향에 맞춰 얇고 고르게 채 썬다(**40쪽 참고**).

2. 고춧가루는 입자가 거칠 경우에는 고운체에 내려 고운 가루로 준비한다.

3. 채 썬 무에 고운 고춧가루를 조금씩 넣어 가며 버무려 연한 붉은색으로 곱게 물들인다(버무릴수록 색이 진해지므로 조금씩 나눠 넣는다).

4. 대파, 마늘, 생강은 곱게 다진다.

5. 우묵한 볼에 분량의 흰설탕, 소금, 식초를 넣고 흰설탕과 소금 입자를 잘 녹인 후 다진 대파, 다진 마늘, 다진 생강, 깨소금을 넣고 잘 섞어 생채 양념을 만든다.

6. 내기 직전에 고춧가루로 물들인 무에 생채 양념을 섞어 물이 생기지 않도록 살살 버무린다.

7. 무생채를 물기 없는 그릇에 소복하게 담아낸다.

▲ 무를 규격에 맞게 채 썬다.

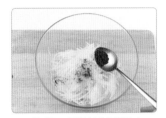

▲ 고춧가루로 무를 붉게 물들인다.

▲ 생채 양념을 넣고 가볍게 버무린다.

정보

- 고춧가루 물을 들일 때는 손끝에 살짝 힘을 주어 고춧가루 입자가 잘 퍼져 무에 물이 잘 들도록 하여 버무린다.
- 무를 소금에 절이는 과정이 없으므로 양념을 넣어 버무릴 때 손에 힘을 주어 오랜 시간 버무리면 물이 흥건하게 생겨 색이 흐려지고 간도 약해질 뿐 아니라 싱싱한 느낌이 없어지므로 작품을 내기 직전에 조심스럽게 살살 버무려 내는 것이 좋다.

겨자채

⏱ 35분

 요구 사항

주어진 재료를 사용하여 다음과 같이 겨자채를 만드시오.

1. 채소, 편육, 황 · 백지단, 배는 0.3×1×4cm로 써시오.

2. 밤은 모양대로 납작하게 써시오.

3. **겨자**는 **발효**시켜 매운맛이 나도록 하여 **간**을 맞춘 후 재료를 무쳐서 담고, 통잣은 **고명**으로 올리시오.

 유의 사항

1. 채소는 싱싱하게 아삭거릴 수 있도록 준비한다.

▧ 나머지 유의 사항은 46쪽 공통 사항 참고

지급 재료 **양배추**(길이 5cm) 50g, **오이**(가늘고 곧은 것, 20cm) 1/3개, **당근**(길이 7cm, 곧은 것) 50g, **소고기**(살코기, 길이 5cm) 50g, **밤**(중, 생것, 껍질 깐 것) 2개, **달걀** 1개, **배**(중, 길이로 등분, 50g) 1/8개, **흰설탕** 20g, **잣**(깐 것) 5개, **소금**(정제염) 5g, **식초** 10mL, **진간장** 5mL, **겨자가루** 6g, **식용유** 10mL

[겨자초장] 겨자가루 1큰술, 물(40℃) 1/2큰술, 흰설탕 · 식초 1큰술씩, 소금 1/4작은술, 진간장 1/2작은술, 물 약간

만드는 법

1. 냄비에 물을 넣고 끓여 40℃ 정도가 되면 물 1/2큰술로 겨자가루 1큰술을 부드럽게 개어 그릇 안쪽에 펴 바른다.

2. 물이 팔팔 끓으면 소고기를 덩어리째 넣어 삶고, 냄비 뚜껑 위에 1의 겨자 그릇을 엎어 놓고 발효시킨다.

3. 양배추, 오이, 당근은 두께 0.3cm, 폭 1cm, 길이 4cm로 썰어 찬물에 담가 싱싱하게 해 놓는다.

4. 배는 껍질을 벗기고 씨를 도려 낸 후 채소와 같은 크기로 썰어 연한 설탕물에 담가 갈변을 방지해 놓는다.

5. 소고기 편육은 가운데 부분을 찔러 보아 핏물이 우러나지 않으면 건져 면포로 단단하게 감싼 후 식으면 채소와 같은 크기로 썬다.

6. 달걀은 황백으로 나눠 소금을 넣고 풀어 거품을 걷어 낸 후 0.3cm 두께로 지단을 부쳐 채소와 같은 크기로 썬다.

7. 밤은 둥근 모양을 그대로 살려 0.3cm 두께로 납작납작하게 썬다.

8. 잣은 고깔을 제거해 놓는다.

9. 발효시킨 겨자는 매운맛이 우러나면 나머지 양념들을 넣고 잘 개어 겨자초장을 만든다.

10. 양배추, 오이, 당근, 배를 체에 밭쳐 물기를 빼고 면포로 감싸 남은 물기를 제거한 후 잣을 제외한 모든 재료를 한데 담고 겨자초장을 넣어 골고루 버무린다.

11. 그릇에 겨자채를 소복하게 담고 통잣을 고명으로 얹어 낸다.

▲ 끓는 물에 소고기를 넣고 삶아 편육을 만든다.

▲ 재료를 썰어 찬물에 담가 싱싱해지도록 한다.

▲ 겨자초장을 넣어 버무려 낸다.

정보

• 각 재료의 크기를 서로 일정하고 반듯하게 썰어야 버무렸을 때 보기가 좋다.

• 재료의 물기를 잘 닦아 내지 않으면 완성해서 그릇에 담았을 때 물이 흐르므로 유의한다.

탕평채

⏱ **35분**

 요구사항

주어진 재료를 사용하여 다음과 같이 탕평채를 만드시오.

1. 청포묵은 0.4×0.4×6cm로 썰어 데쳐서 사용하시오.
2. 모든 부재료의 길이는 4~5cm로 써시오.
3. 소고기, 미나리, 거두절미한 숙주는 각각 조리하여 청포묵과 함께 **초간장**으로 무쳐서 담아내시오.
4. 황 · 백지단은 4cm 길이로 채 썰고, 김은 구워 부셔서 **고명**으로 얹으시오.

 유의사항

1. 숙주는 거두절미하고, 미나리는 다듬어 데친다.
   ※ 나머지 유의 사항은 46쪽 공통 사항 참고

지급재료 청포묵(중, 길이 6cm) 150g, **소고기**(살코기, 길이 5cm) 20g, **숙주**(생것) 20g, **미나리**(줄기 부분) 10g, **달걀** 1개, **김** 1/4장, **진간장** 20mL, **마늘**(중, 깐 것) 2쪽, **대파**(흰 부분, 4cm) 1토막, **검은 후춧가루** 1g, **참기름** 5mL, **흰설탕** 5g, **깨소금** 5g, **식초** 5mL, **소금**(정제염) 5g, **식용유** 10mL

[소고기 양념] 진간장 1/2작은술, 흰설탕 1/4작은술, 다진 대파 · 다진 마늘 · 깨소금 · 검은 후춧가루 · 참기름 약간씩

[초간장] 진간장 · 식초 1작은술씩, 흰설탕 1/2작은술

만드는 법

1. 숙주는 거두절미하여 다듬어 놓고, 김은 물기가 닿지 않도록 비닐봉지에 넣어 따로 보관해 놓는다.

2. 소고기는 핏물을 제거하고 4cm 길이로 가늘게 채를 썬다.

3. 미나리는 뿌리 쪽의 잔털과 잎을 제거하고 줄기 부분을 4cm 길이로 썰고, 청포묵은 길이 6cm, 두께 0.4cm로 고르게 채를 썬다.

4. 대파와 마늘은 곱게 다진다.

5. 채 썬 소고기는 분량의 소고기 양념을 넣어 양념한 후 달군 팬에 식용유를 두르고 볶는다.

6. 분량의 진간장과 식초, 흰설탕을 잘 섞어 초간장을 만든다.

7. 냄비에 물을 올려 끓으면 소금을 약간 넣고 미나리, 숙주, 청포묵 순서로 데친다. 데친 재료들은 찬물에 식혀 물기를 빼놓고, 청포묵은 소금과 참기름을 약간씩 넣어 밑간한다.

8. 달걀은 황백으로 나눠 소금을 넣고 풀어 거품을 걷어 낸 후 지단을 부쳐 4cm 길이로 채를 썬다.

9. 김은 살짝 구워 부숴 놓는다.

10. 우묵한 볼에 소고기, 미나리, 숙주, 청포묵을 넣고 초간장으로 양념하여 버무린다.

11. 그릇에 탕평채를 소복하게 담고 한가운데 부순 김을 고명으로 얹은 후 황백 달걀지단을 가지런히 올려 낸다.

▲ 재료를 각각 썰어 준비한다.

▲ 끓는 물에 청포묵을 데친다.

▲ 초간장으로 버무려 낸다.

정보

- 탕평채는 조선 시대 영조 임금 때의 탕평책에서 유래한 이름으로, 묵을 고르게 채 써는 것이 중요하다.
- 묵과 나머지 부재료의 물기를 잘 뺀 후 양념에 무쳐야 하며, 식초가 들어가서 미리 무치면 미나리의 색이 누렇게 변하므로 내기 직전에 무쳐야 한다.

미나리강회

⏱ 35분

 요구 사항
주어진 재료를 사용하여 다음과 같이 미나리강회를 만드시오.
1. 강회의 폭은 1.5cm, 길이는 5cm로 만드시오.
2. 홍고추의 폭은 0.5cm, 길이는 4cm로 만드시오.
3. 달걀은 **황·백지단**으로 사용하시오.
4. 강회는 **8개** 만들어 **초고추장**과 함께 제출하시오.

 유의 사항
1. 각 재료 크기를 같게 한다(홍고추의 폭은 제외).
2. 색깔은 조화 있게 만든다.
   ▨ 나머지 유의 사항은 46쪽 공통 사항 참고

지급 재료 **소고기**(살코기, 길이 7cm) 80g, **미나리**(줄기 부분) 30g, **홍고추**(생) 1개, **달걀** 2개, **고추장** 15g, **식초** 5mL, **흰설탕** 5g, **소금**(정제염) 5g, **식용유** 10mL

[초고추장] 고추장 1작은술, 흰설탕 1/2작은술, 식초 1작은술

만드는 법

1. 끓는 물에 소고기를 덩어리째 넣고 찔러 보아 핏물이 나오지 않을 때까지 삶은 후 면포로 돌돌 말아 눌러 편육을 만든다.

2. 홍고추는 반 갈라 씨를 제거하고 세로 방향으로 길이 4cm에 맞춰 자른 후 0.5cm 폭으로 썰어 놓는다.

3. 달걀은 황백으로 나눠 소금을 넣고 풀어 거품을 걷어 낸 후 0.3cm 두께로 도톰하게 지단을 부쳐 길이 5cm, 폭 1.5cm로 썬다.

4. 소고기 편육이 식으면 길이 5cm, 폭 1.5cm, 두께 0.3cm로 썰어 8쪽 을 준비한다.

5. 미나리는 뿌리 쪽의 잔털과 잎을 제거하고 줄기 부분을 끓는 물 에 소금을 넣고 살짝 데쳐 찬물에 식힌 후 물기를 제거해 놓는다.

6. 소고기 편육 위에 흰색 달걀지단과 황색 달걀지단을 차례로 얹고 가운데 홍고추를 얹어 엄지손가락과 집게손가락으로 모아 쥔다.

7. 데친 미나리로 중심 부위를 1/3 정도 돌돌 만 후 미나리 끝부분을 뒷면에 집어넣어 깔끔하게 마무리한다.

8. 분량의 고추장, 흰설탕, 식초를 잘 섞어 초고추장을 만든다.

9. 접시 가장자리에 미나리강회 8개를 일정한 간격과 각도로 돌려 담 고 중심 부위에 초고추장을 담아낸다.

▲ 홍고추, 황백 달걀지단, 소고기를 규 격에 맞게 썬다.

▲ 데친 미나리를 사용하여 돌돌 감는다.

▲ 초고추장을 만든다.

정보

• 미나리를 감을 때 서로 겹치지 않도록 나란히 감아 깔끔한 모양이 나오도록 한다.

• 달걀지단과 편육의 크기를 똑같이 썰어야 완성품의 모양이 깨끗하다.

육회

20분

**요구
사항**

주어진 재료를 사용하여 다음과 같이 육회를 만드시오.

1. 소고기는 0.3×0.3×6cm로 썰어 **소금 양념**으로 하시오.

2. 배는 0.3×0.3×5cm로 변색되지 않게 하여 가장자리에 돌려 담으시오.

3. 마늘은 **편**으로 썰어 장식하고, **잣가루**를 **고명**으로 얹으시오.

4. 소고기는 손질하여 **전량** 사용하시오.

**유의
사항**

1. 소고기의 채를 고르게 썬다.

2. 배와 양념한 소고기의 변색에 유의한다.

   ※ 나머지 유의 사항은 46쪽 공통 사항 참고

지급 재료 **소고기**(살코기) 90g, **배**(중, 100g) 1/4개, **잣**(간 것) 5개, **소금**(정제염) 5g, **마늘**(중, 깐 것) 3쪽, **대파**(흰 부분, 4cm) 2토막, **검은 후춧가루** 2g, **참기름** 10mL, **흰설탕** 30g, **깨소금** 5g

[소고기 양념장] 소금 1/4작은술, 흰설탕 · 다진 대파 1작은술씩, 다진 마늘 1/2작은술, 깨소금 1/3작은술, 검은 후춧가루 약간, 참기름 2작은술

만드는 법

1. 잣은 물에 젖지 않도록 보관해 둔다.

2. 소고기는 키친타월로 감싸서 핏물을 제거한 후 결 반대 방향으로 길이 6cm, 두께 0.3cm로 채 썰어 놓는다.

▲ 고기를 결 반대 방향으로 채 썬다.

3. 배는 껍질을 벗기고 씨를 도려 낸 후 길이 5cm, 두께 0.3cm로 채 썰어 연한 설탕물에 담가 갈변을 방지한다.

4. 마늘은 모양을 살려 얇게 편으로 썰어 10쪽 정도를 준비하고 나머지는 곱게 다진다. 대파도 다져서 준비한다.

5. 잣은 고깔을 제거하여 키친타월에 올리고 밀대로 밀어 기름기를 제거한 후 곱게 다진다.

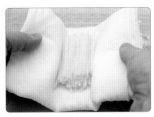
▲ 마른 면포로 채 썬 배의 물기를 제거한다.

6. 분량의 양념들을 잘 섞어 소고기 양념장을 준비한다.

7. 채 썬 배는 마른 면포에 올려 물기를 잘 닦아낸 후 접시에 가지런히 돌려 담는다.

8. 채 썰어 놓은 소고기에 소고기 양념장을 넣고 가볍게 버무린다.

9. 양념한 소고기를 둥글게 뭉쳐 배의 가운데 부분에 올린 후 고기 가장자리에 마늘편을 돌려가며 붙이고 잣가루를 고명으로 얹어 낸다.

▲ 고기에 양념장을 넣고 버무린다.

정보

• 고기의 핏물이 흘러나와 배가 변색되는 것을 방지하기 위해서는 고기와 배에 물기가 없도록 하는 것이 좋다.

• 익히지 않고 생으로 먹는 음식이므로 고기의 결 반대로 채를 썰어 질감이 연하도록 한다.

배추김치

🕐 **35분**

 요구사항

주어진 재료를 사용하여 다음과 같이 배추김치를 만드시오.

1. 배추는 씻어 물기를 빼시오.

2. 찹쌀가루로 찹쌀풀을 쑤어 식혀 사용하시오.

3. 무는 0.3×0.3×5cm 크기로 채 썰어 고춧가루로 버무려 색을 들이시오.

4. 실파, 갓, 미나리, 대파(채썰기)는 4cm로 썰고 마늘, 생강, 새우젓은 다져 사용하시오.

5. 소의 재료를 양념하여 버무려 사용하시오.

6. 소를 배춧잎 사이사이에 고르게 채워 반을 접고 바깥 잎으로 전체를 싸서 담아내시오.

 유의사항

1. 배추김치의 바깥 잎을 잘 펼친 후 김치를 감싸 마무리한다.

※ 나머지 유의 사항은 46쪽 공통 사항 참고

지급 재료 **절임 배추**(포기당 2.5~3kg) 1/4포기(1/4포기당 500~600g), **무**(길이 5cm 이상) 100g, **실파** 20g(쪽파 대체 가능), **갓** 20g(적겨자 대체 가능), **미나리**(줄기 부분) 10g, **찹쌀가루**(건식가루) 10g, **새우젓** 20g, **멸치액젓** 10mL, **대파**(흰 부분, 4cm) 1토막, **마늘**(중, 깐 것) 2쪽, **생강** 10g, **고춧가루** 50g, **소금**(재제염) 10g, **흰설탕** 10g

만드는 법

1. 절임 배추는 물에 여러 번 헹군 후 거꾸로 뒤집어 체에 밭쳐 물기를 뺀 다음, 물기를 꼭 짜 놓는다.

2. 냄비에 찹쌀가루 1큰술과 물 4~5큰술을 넣고 저어가며 끓여 찹쌀 풀을 만들고 식혀 놓는다.

▲ 찹쌀가루와 물을 넣고 저어가며 끓여 찹쌀풀을 만든다.

3. 무는 길이 5cm, 두께 0.3cm 크기로 채 썰어 고춧가루에 버무려 놓는다.

4. 실파와 갓은 다듬어 4cm 길이로 썰어 놓는다.

5. 미나리는 씻어서 잎을 제거하고 4cm 길이로 썬다.

6. 대파는 4cm 길이로 채 썰고 마늘과 생강, 새우젓은 곱게 다진다.

▲ 채 썬 무에 고춧가루를 넣어 버무린다.

7. 3의 무에 2의 찹쌀풀과 멸치액젓, 다진 마늘, 생강, 새우젓, 설탕을 넣고 버무린다.

8. 7에 실파, 갓, 미나리, 대파를 넣고 살살 버무린 후 소금으로 부족한 간을 맞춘다.

9. 배추의 바깥 잎부터 차례로 준비한 김치 소를 조금씩 채워 넣는다.

10. 김치 소를 모두 넣어 반으로 접은 후 바깥 잎으로 김치를 감싸 그릇에 담아낸다.

▲ 절임 배추에 김치 소를 채워 넣는다.

정보

• 찹쌀풀은 완전히 식은 후 김치 소로 사용한다.
• 김치 소를 배춧잎에 골고루 발라가며 소를 채워 넣는다.

오이소박이

🕐 20분

 요구 사항

주어진 재료를 사용하여 다음과 같이 오이소박이를 만드시오.

1. 오이는 6cm 길이로 **3토막** 내시오.

2. 오이에 3~4갈래 칼집을 넣을 때 양쪽 끝이 1cm 남도록 하고, 절여 사용하시오.

3. 소를 만들 때 **부추**는 1cm 길이로 썰고, 새우젓은 다져 사용하시오.

4. 그릇에 묻은 양념을 이용하여 **국물**을 만들어 소박이 위에 부어내시오.

 유의 사항

1. 절인 오이를 잘 헹궈 짠맛을 뺀 후 소를 넣는다.

2. 오이 소가 칼집 사이에 균일하게 들어가도록 넣는다.

※ 나머지 유의 사항은 46쪽 공통 사항 참고

지급 재료 **오이**(가는 것, 20cm 정도) 1개, **부추** 20g, **새우젓** 10g, **고춧가루** 10g, **대파**(흰 부분, 4cm 정도) 1토막, **마늘**(중, 깐 것) 1쪽, **생강** 10g, **소금**(정제염) 50g

만드는 법

1. 오이는 소금으로 주물러 씻어 가시를 제거하고 세 토막의 길이가 똑 같도록 맞춰 6cm 길이로 자른다.

2. 오이의 양쪽 끝이 1cm씩 남도록 오이에 3~4갈래 칼집을 넣는다(보통 열십자의 칼집이 들어가도록 한다).

3. 물 1컵에 소금 3큰술 정도를 넣어 잘 녹인 후 오이를 넣어 떠오르지 않도록 절인 다음, 물에 헹궈 물기를 꼭 짜 놓는다.

4. 새우젓은 곱게 다진다.

5. 고춧가루에 새우젓과 물 1큰술을 넣고 잘 섞어 불려 놓는다.

6. 부추는 1cm 길이로 송송 썰고 대파, 마늘, 생강은 각각 곱게 다진다.

7. 5의 양념에 부추, 대파, 마늘, 생강을 넣고 잘 버무려 오이소박이 소를 완성한다.

8. 3의 오이 칼집 넣은 부분에 7의 소를 채워 넣은 후 그릇에 담는다.

9. 남은 양념에 약간의 물을 넣고 잘 섞은 후 오이소박이 위에 촉촉하게 끼얹어 낸다.

▲ 오이의 양쪽 끝이 1cm씩 남도록 칼집을 넣는다.

▲ 오이소박이 소에 사용할 재료를 한데 섞는다.

▲ 오이의 칼집 넣은 부분에 소를 채워 넣는다.

정보

• 오이소박이는 시험시간이 매우 짧으므로 시작하자마자 오이부터 절이도록 하고, 중간에 오이를 주물러가며 시간 안에 절여지도록 한다.

• 고춧가루에 새우젓과 물을 넣어 미리 버무려두면 고춧가루 색이 곱게 물든다.

한식 조리기능사 실기

2009년 4월 15일   1판 1쇄
2024년 5월 10일   7판 1쇄

저자 : 박지형
펴낸이 : 이정일

펴낸곳 : 도서출판 **일진사**
www.iljinsa.com
(우)04317 서울시 용산구 효창원로 64길 6
대표전화 : 704-1616, 팩스 : 715-3536
이메일 : webmaster@iljinsa.com
등록번호 : 제1979-000009호(1979.4.2)

값 18,000원

ISBN : 978-89-429-1941-3